高等职业院校前沿技术专业特色教材

Python 程序设计

龚良彩 谭杨　　　　主　编
向永靖 冯桥华 陈海英　副主编

清华大学出版社
北京

内 容 提 要

本书全面地介绍了 Python 的基础知识和编程技术，主要面向零基础的学习者，以面向对象程序设计思想为核心，讲授 Python 语言的基本语法及应用。

本书注重基础、循序渐进，将编程理论与例题有机结合，在引导读者完成实际例题分析的同时，启发读者主动应用理论提高开发效率，力求提高读者的编程水平。

本书主要作为高等职业学院、中等职业学校、各类技术学校教材，也可作为中学 Python 兴趣班的教材，还可作为本科院校的学生和 Python 爱好者的参考用书。

本书封面贴有清华大学出版社防伪标签，无标签者不得销售。
版权所有，侵权必究。举报：010-62782989，beiqinquan@tup.tsinghua.edu.cn。

图书在版编目(CIP)数据

Python 程序设计/龚良彩，谭杨主编. —北京：清华大学出版社，2021.10
高等职业院校前沿技术专业特色教材
ISBN 978-7-302-58512-1

Ⅰ.①P… Ⅱ.①龚… ②谭… Ⅲ.①软件工具－程序设计－高等职业教育－教材 Ⅳ.①TP311.561

中国版本图书馆 CIP 数据核字(2021)第 121979 号

责任编辑：田在儒
封面设计：刘　键
责任校对：李　梅
责任印制：刘海龙

出版发行：清华大学出版社
网　　址：http://www.tup.com.cn，http://www.wqbook.com
地　　址：北京清华大学学研大厦 A 座　　邮　编：100084
社 总 机：010-62770175　　邮　购：010-62786544
投稿与读者服务：010-62776969，c-service@tup.tsinghua.edu.cn
质量反馈：010-62772015，zhiliang@tup.tsinghua.edu.cn
课件下载：http://www.tup.com.cn，010-83470410

印 装 者：大厂回族自治县彩虹印刷有限公司
经　　销：全国新华书店
开　　本：185mm×260mm　　印　张：16.25　　字　数：391 千字
版　　次：2021 年 10 月第 1 版　　印　次：2021 年 10 月第 1 次印刷
定　　价：49.00 元

产品编号：087485-01

高等职业院校前沿技术专业特色教材

编审委员会

编委会顾问：

谢　泉　贵州大学大数据与信息工程学院
　　　　院长、教授、博士生导师
董　芳　贵州工业职业技术学院院长、教授
刘　猛　贵州机电职业技术学院院长、副教授
张浩辰　贵州工商职业学院副校长、教授
陈文举　贵州大学职业技术学院院长、教授
肖迎群　贵州理工学院大数据学院院长、博士、教授、硕士生导师
肖利平　贵州理工学院继续教育学院副院长、教授
郑海东　贵州电子信息职业技术学院副院长、副教授
张仁津　贵州师范大学大数据学院院长、教授、硕士生导师

编委会主任兼丛书主编：

杨云江　贵州理工学院信息网络中心副主任、教授、硕士生导师

编委会副主任（排名不分先后）：

王正万	杨　前	王佳祥	王仕杰
程仁芬	王爱红	米树文	陈　建
李　鑫	侯　宇	唐　俊	姚会兴
徐雅琴			

编委会成员（排名不分先后）：

刘桂花	周　华	钟国生	钟兴刚
张洪川	龚良彩	杨汝洁	郭俊亮
谭　杨	李　萍	陈海英	黎小花
冯　成	李　力	莫兴军	石齐钧
刘　睿	李吉桃	周云竹	兰晓天
李　娟	包大宏	任　桦	王正才
袁雪梦	任丽娜	甘进龙	田　忠
文正昌	张成城	温明剑	

本书编委会

主　编　龚良彩　谭　杨

副主编　向永靖　冯桥华　陈海英

参　编（排名不分先后）：

姜小霞　　李徐梅　　杨　婷　　王艳兰
杨汝洁　　周　华　　钟国生　　冯　丽
冯　成　　邓文艳　　孔令珠　　胡　瑶

丛书序

多年来,党和国家在重视高等教育的同时,给予了职业教育更多的关注,2002年和2005年国务院先后两次召开了全国职业教育工作会议,强调要坚持大力发展职业教育。2005年下发的《国务院关于大力发展职业教育的决定》,更加明确了要把职业教育作为经济社会发展的基础和教育工作的战略重点。党和国家领导人多次对加强职业教育工作做出了重要指示。党中央、国务院关于职业教育工作的一系列重要指示、方针和政策,体现了党和国家对职业教育的高度重视,为职业教育指明了发展方向。

高等职业教育是职业教育的重要组成部分。由于高等职业学校着重于学生技能的培养,学生动手能力较强,因此其毕业生越来越受到各行各业的欢迎和关注,就业率连续多年保持在90%以上,从而促使高等职业教育呈快速增长的趋势。自1996年开展高等职业教育以来,高等职业院校的招生规模不断扩大,发展迅猛,仅2019年就扩招了100万人,目前,全国共有高等职业院校1400多所,在校学生人数已达1000万人。

质量要提高、教学要改革,这是职业教育教学的基本理念,为了达到这个目标,除了要打造良好的学习环境和氛围、配备优秀的管理队伍、培养优秀的师资队伍和教学团队外,还需要高质量的、符合高职教学特点的教材。根据这一需求,丛书编审委员会以贵州省建设大数据基地为契机,组织贵州、云南、山西等省份的二十多所高等职业院校的一线骨干教师,经过精心组织、充分酝酿,并在广泛征求意见的基础上编写出这套云计算与大数据方向、智能科学与人工智能方向、电子商务与物联网方向、数字媒体与虚拟现实方向的"高等职业院校前沿技术专业特色教材"系列丛书,以期为推动高等职业教育教材改革做出积极而有益的实践。

按照高等职业教育新的教学方法、教学模式及特点,我们在总结传统教材编写模式及特点的基础上,对"项目—任务驱动"的教材模式进行了拓展,以"项目+任务导入+知识点+任务实施+上机实训+课外练习"的模式作为本套丛书主要的编写模式,同时增加了以实用案例导入进行教学的"项目—案例导入"结构的拓展模式,即"项目+案例导入+知识点+案例分析与实施+上机实训+课外练习"的编写模式。

丛书具有以下主要特色。

特色之一:丛书涵盖了全国应用型人才培养信息化前沿技术的四大主流方向:云计算与大数据方向、智能科学与人工智能方向、电子商务与物联网方向、数字媒体与虚拟现实方向。

特色之二:注重理论与实践相结合,强调应用型本科及职业院校的特点,突出实用性和可操作性。丛书的每本教材都含有大量的应用实例,大部分教材都有1~2个完整的案例分析。旨在帮助学生在学完一门课程后,能将所学的知识用到相关工作中。

特色之三:教材的内容全面且完整、结构安排合理、图文并茂。文字表达清晰、通俗易懂,内容循序渐进,可以帮助读者学习和理解教材的内容。

本系列丛书的主编、副主编及参编人员都是来自高等职业院校的一线骨干教师,他们长期从事相关课程的教学工作及教学经验的总结研究工作,具有丰富的高等职业教育教学经验和实验指导经验,本套丛书就是这些教师多年教学经验和心得体会的结晶。此外,本丛书编审委员会由多名本科院校和高等职业院校的专家、学者和领导组成,负责对教材的结构、内容和质量进行指导和审查,以确保教材的编写质量。

希望本丛书的出版,能为我国高等职业教育尽微薄之力,更希望能给高等职业院校的教师和学生带来新的感受和帮助。

谢 泉

2021 年 5 月

前 言

Python 是由 Guido van Rossum(吉多·范罗苏姆)于 80 年代末和 90 年代初在荷兰国家数学和计算机科学研究所设计出来的。发展至今,Python 语言具有解释性、编译性、互动性和面向对象、支持网络编程、免费、开源等众多优点,广泛应用于数据分析、组件集成、网络服务、图像处理、数值计算和科学计算等领域。为了更好地帮助初学者喜欢并掌握 Python 编程语言,我们为初学者及计算机编程爱好者编写了本书。

本书是由来自铜仁职业技术学院、安顺职业技术学院、贵州工商职业学院、贵州省电子信息技术学院、贵州省电子科技学院、贵州轻工职业技术学院、铜仁市碧江区第三中学、铜仁市第八中学等学校教学经验丰富的教师联合编写,书中内容是这些老师教学经验和智慧的结晶。

本书是在广泛征求高职高专院校授课教师意见的基础上编写完成的,书中内容贴近学生实际,内容选取融入了教材编写团队的集体智慧,精心设计的教学案例可为初学者起到良好的指导作用。在编写过程中融入了部分高校在 Python 语言领域具有丰富教学经验教师讲授的教学案例,内容编排结构合理、简明扼要、深入浅出,既有基础知识讲解,又有完整的实际案例操作。

本书共分为 8 章,内容包括 Python 基础知识、变量及数据结构、流程控制、函数与模块、面向对象、文件操作、常用包介绍、Python 编程实例等内容。第 1 章主要由龚良彩编写,李徐梅、杨婷参编;第 2 章主要由龚良彩和冯桥华编写,王艳兰参编;第 3 章主要由冯桥华编写,周华、邓文艳参编;第 4 章主要由向永靖和冯桥华编写,钟国生参编;第 5 章主要由向永靖编写,冯丽参编;第 6 章主要由向永靖和姜小霞编写,冯成参编;第 7 章主要由谭杨和陈海英编写,杨汝洁参编;第 8 章主要由谭杨编写,孔令珠、胡瑶参编。

全书由龚良彩统稿,由龚良彩、谭杨担任主编;向永靖、冯桥华担任副主编;杨云江教授担任总主编,负责书稿架构和书稿内容的初审工作。

本书在编写过程中,得到了许多兄弟院校专家的关心和指导,收取了很多宝贵的意见,在此表示万分的感谢!

由于 Python 语言版本和工具选择原因,部分例题中的数据处于不断更新中,加上作者水平所限,书中难免出现疏漏之处,恳请专家、同行不吝赐教,也希望选用本书的各位老师和同学及读者提出宝贵的意见和建议,以便在第二版中及时进行更正和完善。

编　者
2021 年 5 月

目 录

第 1 章 Python 基础知识 ... 1
1.1 初步认识 ... 1
1.1.1 Python 的发展 ... 1
1.1.2 Python 2 和 Python 3 ... 2
1.1.3 Hello World ... 3
1.2 环境搭建 ... 4
1.2.1 Linux 系统 ... 4
1.2.2 苹果 OS 系统 ... 8
1.2.3 Windows 系统 ... 9
1.3 开发工具 ... 10
1.3.1 记事本 ... 11
1.3.2 IDLE ... 11
1.3.3 Jupyter Notebook ... 12
习题 ... 14

第 2 章 变量及数据结构 ... 15
2.1 Python 程序基本结构 ... 15
2.1.1 用缩进表示代码块 ... 15
2.1.2 代码注释 ... 17
2.1.3 语句续行 ... 18
2.1.4 语句分隔 ... 19
2.1.5 关键词与大小写 ... 20
2.2 基本输入和输出 ... 21
2.2.1 基本输入 ... 21
2.2.2 基本输出 ... 23
2.3 数字 ... 25
2.3.1 数字常量 ... 25
2.3.2 数字运算 ... 26

2.3.3　小数 …………………………………………………………………… 29
　　2.3.4　分数 …………………………………………………………………… 31
　　2.3.5　数学函数 ……………………………………………………………… 32
2.4　变量 ……………………………………………………………………………… 36
　　2.4.1　变量与对象 …………………………………………………………… 36
　　2.4.2　对象的垃圾回收 ……………………………………………………… 37
　　2.4.3　变量命名规则 ………………………………………………………… 37
　　2.4.4　赋值语句 ……………………………………………………………… 38
2.5　集合 ……………………………………………………………………………… 41
　　2.5.1　集合常量 ……………………………………………………………… 41
　　2.5.2　集合运算 ……………………………………………………………… 41
　　2.5.3　集合基本操作 ………………………………………………………… 42
2.6　字符串 …………………………………………………………………………… 44
　　2.6.1　字符串常量 …………………………………………………………… 45
　　2.6.2　字符串基本操作 ……………………………………………………… 45
　　2.6.3　字符串方法 …………………………………………………………… 49
　　2.6.4　字符串格式化表达式 ………………………………………………… 51
　　2.6.5　bytes 字符串 …………………………………………………………… 52
2.7　列表 ……………………………………………………………………………… 53
　　2.7.1　列表的主要特点及基本操作 ………………………………………… 54
　　2.7.2　常用列表方法 ………………………………………………………… 55
2.8　元组 ……………………………………………………………………………… 61
　　2.8.1　元组的主要特点和基本操作 ………………………………………… 61
　　2.8.2　常用元组方法 ………………………………………………………… 61
2.9　字典 ……………………………………………………………………………… 62
　　2.9.1　字典的主要特点和基本操作 ………………………………………… 62
　　2.9.2　字典常用方法 ………………………………………………………… 64
　　2.9.3　字典视图 ……………………………………………………………… 67
2.10　编程实践 ………………………………………………………………………… 67
习题 …………………………………………………………………………………… 69

第 3 章　流程控制 ……………………………………………………………………… 71

3.1　if 语句 …………………………………………………………………………… 71
　　3.1.1　问题的提出 …………………………………………………………… 71
　　3.1.2　if 语句基本结构 ……………………………………………………… 72
　　3.1.3　真值测试 ……………………………………………………………… 75
　　3.1.4　if else 三元表达式 …………………………………………………… 76
3.2　for 语句 ………………………………………………………………………… 77
　　3.2.1　for 循环基本格式 ……………………………………………………… 77

3.2.2　多个变量迭代 ··· 79
　　3.2.3　break 和 continue 语句 ······································ 80
　　3.2.4　嵌套使用 for 循环 ·· 81
3.3　while 循环结构 ··· 82
　　3.3.1　while 循环基本结构 ·· 82
　　3.3.2　嵌套使用 while 循环 ··· 84
3.4　range 函数 ··· 85
　　3.4.1　range 函数的基本概念 ······································ 85
　　3.4.2　迭代和列表解析 ··· 86
3.5　编程实践 ·· 88
习题 ··· 89

第 4 章　函数与模块 ··· 91

4.1　函数的使用 ··· 91
　　4.1.1　定义函数 ·· 91
　　4.1.2　函数调用 ·· 92
　　4.1.3　函数参数 ·· 94
　　4.1.4　函数嵌套 ·· 96
　　4.1.5　lambda 函数 ·· 97
　　4.1.6　递归函数 ·· 98
　　4.1.7　函数列表 ·· 99
4.2　变量作用域 ··· 103
　　4.2.1　作用域介绍 ··· 103
　　4.2.2　global 语句 ·· 105
　　4.2.3　nonlocal 语句 ··· 106
4.3　模块 ··· 107
　　4.3.1　导入模块 ·· 107
　　4.3.2　重新载入模块 ·· 109
　　4.3.3　模块搜索路径 ·· 110
　　4.3.4　嵌套导入模块 ·· 111
　　4.3.5　模块对象属性 ·· 112
4.4　模块包 ·· 114
　　4.4.1　包的基本结构 ·· 114
　　4.4.2　导入包 ·· 114
　　4.4.3　相对导入 ·· 115
4.5　编程实践 ·· 116
习题 ·· 119

第 5 章　面向对象 ··· 121

5.1　Python 的面向对象 ··· 121
5.1.1　Python 的类 ··· 122
5.1.2　Python 中的对象 ··· 122
5.2　类的定义和使用 ··· 123
5.3　对象的属性和方法 ··· 124
5.3.1　对象的属性 ··· 124
5.3.2　对象的方法 ··· 126
5.3.3　类的"伪私有"属性和方法 ··· 128
5.3.4　构造方法和析构方法 ··· 130
5.4　类的继承 ··· 132
5.4.1　普通继承 ··· 132
5.4.2　定义子类的属性和方法 ··· 133
5.4.3　调用超类的构造方法 ··· 134
5.4.4　多重继承 ··· 135
5.5　运算符重载 ··· 136
5.5.1　加法运算重载 ··· 136
5.5.2　索引和切片重载 ··· 138
5.5.3　自定义迭代器对象 ··· 139
5.5.4　定制对象的字符串形式 ··· 141
5.6　编程实践 ··· 142
习题 ··· 144

第 6 章　文件操作 ··· 146

6.1　文件操作基础 ··· 146
6.1.1　打开文件 ··· 146
6.1.2　文件读写 ··· 148
6.1.3　文件指针 ··· 152
6.2　文件及文件夹操作 ··· 154
6.2.1　os 模块 ··· 154
6.2.2　os.path 模块 ··· 156
6.2.3　shutil 模块 ··· 157
6.3　编程实战 ··· 159
习题 ··· 161

第 7 章　常用包介绍 ··· 163

7.1　NumPy 数组操作 ··· 163
7.1.1　什么是 ndarray ··· 163

7.1.2 ndarray 数组的操作 …… 164
7.2 Pandas 数据框操作 …… 175
  7.2.1 什么是 DataFrame(数据框) …… 175
  7.2.2 DataFrame(数据框)的操作 …… 175
7.3 Matplotlib 可视化 …… 192
习题 …… 205

第 8 章 Python 编程实例 …… 207

8.1 Python 数据库编程 …… 207
  8.1.1 Python 数据库应用接口(DB-API) …… 207
  8.1.2 MySQL 数据库操作 …… 210
  8.1.3 SQL Server 数据库操作 …… 216
8.2 scrapy 网络爬虫 …… 222
  8.2.1 scrapy 框架介绍 …… 223
  8.2.2 scrapy shell 的基本使用 …… 224
  8.2.3 scrapy 爬虫的初步使用 …… 227
8.3 自然语言处理 …… 234
  8.3.1 jieba 分词系统介绍 …… 235
  8.3.2 jieba 分词系统的功能 …… 235
  8.3.3 应用案例 …… 237
习题 …… 245

参考文献 …… 246

第 1 章

Python基础知识

如果要编写简洁的代码实现自动化的任务,或者是通过学习编写程序来解决一些问题,但在此过程中又不想学习和了解过多的算法细节或复杂的计算机数据结构;或者只是想快速地解决工作中遇到的问题;或者想使用一种高级的计算器完成一组数据的计算并立即看到运算结果;或者学习使用 Python 来提高工作效率,那么 Python 语言可以满足你的这些需求。

随着你对这门语言的学习越来越深入,你会逐渐喜欢 Python 语言,因为有句玩笑话"人生苦短,Python 是岸"。

本章主要内容:
- Python 的发展;
- Python 的安装与配置;
- Python 开发工具。

1.1 初步认识

1.1.1 Python 的发展

1. Python 的由来

英文单词 Python,中文翻译是"蟒蛇",很多介绍 Python 的教材或程序员手册,多以"蟒蛇"图案用于书籍的封面设计,但 Python 语言的创始人吉多·范罗苏姆(Guido van Rossum)在 1989 年开始着手编写 Python 的时候,同时还阅读了刚出版的 "Monty Python 的飞行马戏团"剧本,这是一部自 20 世纪 70 年代开始播出的 BBC 系列喜剧。吉多·范罗苏姆决定选择一个简短、独特而又略显神秘的名字——Python,Python 语言结合了 Unix shell 和 C 的习惯,经过 30 年的不断发展与软件迭代,Python 已经成为目前世界上使用最多的语言之一。

2. Python 的优缺点

Python 语言作为一种解释型的高级语言,因为具有开源免费、简单易学、可移植性强、开发效率高、可扩展、可嵌入以及面向对象的特点,日益受到全球 Python 爱好者的欢迎,目前已经发展成为全球最受欢迎的编程语言之一。

Python 语言的使用范围比较广泛,应用领域涉及数据科学、云计算、Web 开发、网络爬虫、系统运维、图形界面开发等。全球初学者可以不必深入了解数据在内存中怎么存储,不必深入了解技术细节问题,在拥有大量成熟的第三方库的背景下,Python 爱好者只需要导入软件包并编写简短的代码就可以快速、高效地解决问题。

虽然 Python 语言易学易用,优点较多,但同其他高级语言一样,也不是完美无缺的,具体表现在:由于解释型语言的局限性,Python 语言编写的程序运行速度相比 C 语言和 Java 编写的程序要慢。但随着硬件设备及计算能力的增强,运行速度慢的缺点正在得到改善;Python 的代码(脚本)都是以明文形式存放的,虽然可以使用一些工具编译成可执行文件,但对于要求较高的场合,比如代码不宜公开的算法和处理细节,建议使用其他高级语言来编写。

1.1.2 Python 2 和 Python 3

1. 初识 Python 版本号

Python 2 和 Python 3 是 Python 语言发展过程中的两个不同版本系列,典型的区别是 print 语句和 print() 函数。

```
>>> print "Hello World!"        # Python 2 版本使用 print 语句输出数据
>>> print("Hello World!")       # Python 3 版本使用 print() 函数改进输出
```

Python 版本的编号形式是 A.B.C 或 A.B。A 称为大版本号,它仅在对语言特性进行非常重大改变时才会递增。B 称为小版本号,它会在语言特性发生较小改变时递增。C 称为微版本号,它会在每次发布问题修正时递增。

Python 语言典型的版本号有 Python 2.x 和 Python 3.x ,两个版本的基本情况详见表1.1。

表 1.1 不同 Python 版本的学习要点

版本号	发布时间	停止支持日期	学习要点	备注
2.0	2000 年 10 月		加入了内存回收机制,构成了 Python 语言框架的基础	
2.7	2010 年 7 月	2020 年 1 月 1 日	Python 2.0 的最后版本,目前最新的版本号为 2.7.18 使用时间长,大多数库都支持,在 Python 发展过程中得到广泛的使用 引入了 Python 3.0 的一些新特性,允许使用 3.0 的部分语法和函数 在 Python 2.7 下正常运行的程序可以通过"2to3"的转换工具将代码迁移到 3.0 上	2020 年 1 月 1 日之后不再维护和更新,建议用户迁移到 3.x 版本

续表

版本号	发布时间	停止支持日期	学习要点	备注
3.0	2008年12月		对2.0中不再向下兼容,不能直接调用Python 2.0代码开发的库,而必须使用Python 3.0代码开发的库	
3.5	2015年9月	2020年9月13日		
3.6	2016年12月	2021年12月23日	Python的成熟版本3.6	3.5+以上的版本不能在Windows XP或更早的Windows版本下运行
3.7	2018年6月	2023年6月27日	目前大多数广泛使用的库都支持	教材案例使用的版本号
3.8	2019年10月	2024年10月	品牌笔记本预装的Windows 10和Mac OS系统在用户使用Python 3里默认下载安装最新的Python版本号	

2. 不同版本使用的建议

对于Python 2.x系统依赖性较强的,基于Python 2.x开发的程序在版本迁移上困难或者迁移成本较高的情况下,可以继续使用。在一般情况下,建议读者从Python 3.6或Python 3.7版本开始学习Python语言。本书的所有案例均在Python 3.7版本下编写并实现,目前大多数广泛使用的模块和包均可以在互联网上下载到与之相匹配的版本。

1.1.3 Hello World

Python安装好后,我们可以使用"Win+R"快捷键打开Windows控制台,在命令提示符下输入Python命令,如果见到">>>"的提示符,就进入到Python的交互平台,在交互平台可以编写一条简单的Python语句输出"Hello World"字符。

【例1.1】 经典的"Hello World"程序。

```
>>> print ("Hello World")
```

结果：Hello World

如果在Windows控制台"命令提示符"下输入Python命令,没有显示">>>"的提示符,而是显示"'Python' 不是内部或外部命令,也不是可运行的程序或批处理文件。"内容,意味着Python没有正确安装或者没有配置好环境变量path,请参考1.2节内容进行环境变量path内容的配置。

1.2 环 境 搭 建

Python 是一种跨平台的编程语言,在各种主流操作系统上都能够得到很好的运行,代码具有良好的兼容性。

1.2.1 Linux 系统

如果我们需要在基于 Linux 内核的环境进行 Python 程序的开发或者测试,那么就需要了解在 Linux 环境下如何安装和使用 Python。

下面简单介绍如何在 Windows 10 操作系统上配置 Linux 子系统以及基于 Linux 内核的 Ubuntu 环境下 Python 的安装与使用。

Windows 10 操作系统推出用于 Windows 的 Linux 子系统功能,通过这个子功能,我们可以在此配置环境下轻松构建 Linux 内核下的 Python 编程环境。具体操作方法和步骤将以案例任务的方式进行呈现。

【例 1.2】 在 Windows 10 下启用"适用于 Linux 的 Windows 子系统"。

在"控制面板/程序/程序和功能"中"启用或关闭 Windows 功能"(使用"Win+X"快捷键调出系统管理菜单后单击"程序与功能"也可以进入"控制面板/程序/程序和功能"),勾选设置后依屏幕提示需要重启 Windows,如图 1.1 所示。

图 1.1 启用"适用于 Linux 的 Windows 子系统"

【例 1.3】 Windows 10 系统下 Linux 系统的安装。

本例题以安装基于 Linux 内核的外围共享软件 Ubuntu 进行介绍。

(1) Bash 命令。使用"Win+R"命令,调出运行对话框。

在运行对话框中输入 cmd 后,按回车键或点"确定"按钮,进入 Windows 控制台(命令提示符界面)。

在 Windows 命令提示符界面输入 bash 命令,未安装将显示图 1.2 的文字内容。

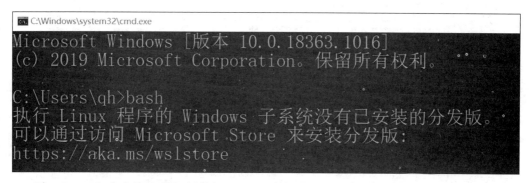

图 1.2　Bash 命令执行后显示"执行 Linux 程序的 Windows 子系统没有已安装的分发版"

(2) Windows 10 的应用商店中下载共享软件 Ubuntu。

具体步骤如下。

在 Windows 10 任务栏单击"放大镜"图标。进入应用商店,找到 Ubuntu 图标后单击 get,进入下载界面,如图 1.3、图 1.4 所示。

Windows 10 会自动下载 Ubuntu,就像在智能手机上安装 App 应用程序一样。下载完成后,Windows 会自动安装 Ubuntu,如图 1.5 所示。

安装结束后屏幕提示是否创建快速启动图标在"开始屏幕"内,一般默认选中此项,以后就可以在 Windows"开始屏幕"内找到 Ubuntu 图标并启动 Ubuntu。

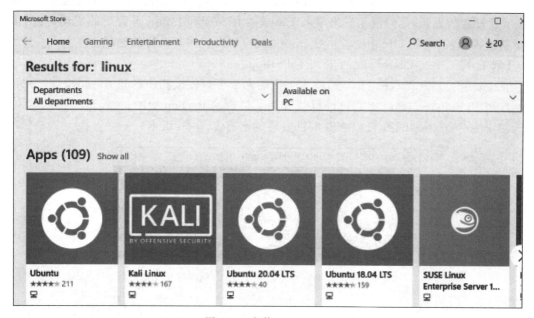

图 1.3　安装 Ubuntu(1)

图 1.4　安装 Ubuntu(2)

图 1.5　安装 Ubuntu(3)

小结：Linux 属于内核，单独的内核需要外围环境软件的支撑，Ubuntu 属于 GNU/Linux 发行版。如同智能手机中的 Andorid 手机就是一个基于 Linux 的软件环境。

Ubuntu 由于尊崇"免费开源和个性化"在 Linux 众多发行版中显得尤为突出，深受 Linux 爱好者的青睐，他们使用它来学习 Linux 应用编程和 Linux 平台下的驱动开发，因此对于初学者来说，使用 Ubuntu 来学习 Linux 是一种比较切实可行的途径。

【例 1.4】　检查 Ubuntu 是否安装了 Python。

在 Ubuntu 系统提示符"＄"下，输入下面的命令可以完成相应的检查，如图 1.6 所示。

使用 Python3-version 查看已经默认安装了最新的 Python 版本；

使用 ls /usr/local/lib 可以查看本机安装的所有 Python 版本。

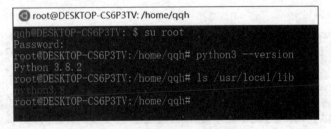

图 1.6　检查本机安装的最新 Python 版本和历史版本

如果检查中发现本机未安装最新的 Python 版本，可以参考案例 1.5 对 Ubuntu 系统进行软件升级。

【例 1.5】 对 Ubuntu 系统进行软件升级。

使用下面的命令对 Ubuntu 系统进行软件升级,升级所花的时间根据网络环境的不同而有所差异,如果安装过程中出现卡住的情况,即进度条(下载百分比)没有走动,可以按一下键盘上的 Enter 键,安装结束后会自动返回 Ubuntu 系统提示符。如果安装过程有错误提示信息,建议读者将出现的错误提示信息复制到网页浏览器中作为搜索关键词进行搜索,一般都能够找到解决办法。

```
sudo apt-get update
sudo apt-get upgrade
```

小结:安装过程中常见以下问题。

① 出现"Unable to lock directory /var/lib/apt/lists"无法对目录加锁的提示信息:

```
E: Could not get lock /var/lib/apt/lists/lock - open (11: Resource temporarily unavailable)
Unable to lock directory /var/lib/apt/lists
```

解决办法是使用命令:

```
sudo rm /var/lib/apt/lists/lock
```

② 出现"E:Some index files failed to download. They have been ignored, or old ones used instead."提示信息。

解决办法:出现下载失败的提示信息,有可能是域名解析的问题。可以试着修改 DNS 客户机配置文件:"/etc/resolv.conf",添加 nameserver 8.8.8.8。

操作语句是:

```
vi /etc/resolv.conf
```

③ 显示 resolv.conf 文档只读,无法编辑信息 E505:"/etc/resolv.conf" is read-only (add ! to override),那么可以按照表 1.2 对 resolv.conf 文档进行修改。

表 1.2 resolv.conf 文档的修改步骤

操作命令	解释
:q!	退出 vi 编辑器并不保存修改的内容
sudo vi /etc/resolv.conf	以 root 用户权限取得文档的编辑权限
i	进入 vi 编辑器的插入模式
nameserver 8.8.8.8	在 resolv.conf 文件中添加的内容
Escape 键(键盘 ESC 按键)	退出 insert 编辑模式
:wq!	保存修改并退出

对 Vi 编辑器的操作,感兴趣的读者可以在互联网上搜索相关的资料进行学习。

【例 1.6】 在 Ubuntu 系统,输入 Python 3 命令进入 Python 解释器(交互环境),输出"hello Python"信息。

```
C:\Users\qh>bash
qqh@DESKTOP-CS6P3TV:/mnt/c/Users/qh $ Python3
Python 3.8.2 (default, Jul 16 2020, 14:00:26)
[GCC 9.3.0] on Linux
```

```
Type "help", "copyright", "credits" or "license" for more information.
>>> print ("Hello Python!")
```

结果：`Hello Python!`

小结：

（1）使用 bash 命令可以在 Windows 命令提示符下进入 Ubuntu。

（2）输入 Python 3 命令可以启动 Python 解释器。

（3）进入到 Python 解释器后的所有操作与 Windows 解释器下的操作是相同的。

（4）如果要退出 Python 解释器，可以输入 exit()函数退出，也可以按下"Ctrl＋D"组合键，如果继续按"Ctrl＋D"组合键则返回 Windows 命令提示符。

（5）在 Linux 中"Ctrl＋D"组合键相当于 logout(退出)命令。

【例 1.7】 在 Linux 环境下安装包的方法。

首先下载 pip3 并进行自动安装，这条命令是从 archive.ubuntu.com 的服务器上下载安装包，如果读者在安装时遇到问题，可以尝试修改更新的源的地址信息，从国内的服务器上进行下载和安装，这方面的资料可以在互联网上搜索。

```
sudo apt install Python3 - pip
```

一般会提示如下信息：

```
Need to get 27.0 MB/46.7 MB of archives.
After this operation, 200 MB of additional disk space will be used.
Do you want to continue? [Y/N]
```

此时输入"Y"按"回车键"继续，安装过程稍显慢长，读者耐心等待安装完成。如果在安装过程中出现"Processing triggers for libc-bin (2.31-0ubuntu9)..."信息，并有"卡住"信息没有更新的情况，一般是安装好了。只需按"回车键"返回 Unbutu 提示符即可。

安装完成后，可以使用下面的命令，查看 pip3 的版本信息。

```
pip3 - V
```

pip3 配置好后就可以使用 pip3 来安装 Python 库了，具体用法为

```
pip3 install    <库名称>
```

1.2.2 苹果 OS 系统

Mac OS 系统和 Linux 发行版类似，在最新版中默认自带 Python 2.7 版本，如果自带的版本不符合编程的需求，可以在终端中输入 Python 命令查看及启动已经默认安装的版本，如果想检测是否安装了 Python 3.x，可以在终端(Terminal)窗口中输入 Python 3 命令，此时 Mac OS 会弹出对话框，询问用户是否安装 Python 3 版本，此时依屏幕提示进行下载安装即可。

如果有特殊需求，可以在 Python 官网上下载适用于苹果系统的特定版本的 Python 3 进行安装，操作方法和我们即将介绍的 Windows 系统下安装 Python 的过程类似。

1.2.3 Windows 系统

以安装最新版的 Python 3 为例,在 Windows 10 操作系统上安装 Python 可以选择两种方式进行安装,读者可以根据自己计算机的配置情况选择合适的 Python 版本来进行安装。需要特别注意的是如果计算机安装的操作系统是 Windows XP 或以下的系统,建议下载 Python 3.5 以下的版本进行安装。Python 3.5 及以上的版本适用于 Windows 10 操作系统。

方式一:进入 Windows 10 控制台界面,输入命令 Python,如果已经安装过则进入 Python 解释器;未安装则系统弹出 Windows 10 应用商店,显示最新版本的 Python 信息,用户可以根据屏幕的提示信息进行安装。

方式二:从 Python 的官网(www.Python.org)下载 Python 3 进行安装。

具体步骤如下。

根据操作系统的版本,从 Python 的官网下载需要的 Python 3.x 安装程序,如图 1.7 和图 1.8 所示。

图 1.7 Python 官网截图

图 1.8 Python 官网上下载软件的页面截图

网址为 https://www.Python.org/downloads/Windows/

如何选择需要的安装程序文件，取决于采用什么方式进行安装，具体可以参考表1.3进行选择。

表1.3 Python安装的方式与程序文件包含的提示信息

安装方式	安装程序文件名包含的提示信息	备注
联网(在线)安装	web-based installer	需要计算机在连接互联网的环境下进行安装，下载的文件较小
嵌入式版本	embeddable zip file	下载的文件为压缩包，可以集成到其他应用中使用；需要解压缩到指定文件夹内使用，解压缩后需要配置启动环境，不需要安装
可执行程序	executable installer	下载后可以离线安装，不需要连接互联网

通常安装程序文件名还包含有"Windows x86"和"Windows x86-64"提示信息，它们分别表示32位和64位的版本。目前主流配置的电脑硬件和软件环境都支持64位的版本，一般如果没有特别需要，选择带有"Windows x86-64"字符信息的安装版本进行下载。

第1步：运行下载的安装程序。以下载到的"executable installer"为例进行简要说明，双击安装程序进入安装画面。

第2步：在安装画面内通常有"install Python 3.x.x（64-bit）"字符信息，有两个选项，一个是"Install Now"表示立即按默认值进行安装，另一个是"Customize installation"表示定制安装，这个选择要求设置Python的安装路径（安装位置），单击"Browse"（浏览）按钮可以选择安装的路径。在选项中有一项是"Add environment variables"，这个选项是将Python安装的路径添加到操作系统的环境变量path中。如果在安装时没有选中这个选项，可以手动修改path环境变量，添加Python的安装路径。当用户设置好安装的选项内容后可以选择"install"按钮开始安装操作，安装结束后屏幕会提示"Setup was successful"的信息。Python安装程序"定制安装"选项主要内容如表1.4所示。

表1.4 Python安装程序"定制安装"选项的主要内容

定制安装提供的选项内容	是否为默认值	中文含义及说明
Install for all users	否	Windows所有用户均可以使用Python
Associate files with Python	是	使用Python打开扩展名为.py的文件
Create shortcuts for install applications	是	安装结束后创建Python应用程序的快捷图标
Add environment variables	否	添加进操作系统环境变量

第3步：安装成功后可以在Windows控制台，输入Python命令查看能否进入Python解释器。

1.3 开发工具

"工欲善其事，必先利其器"，初学者在学习Python语言时，需要了解和熟悉一些常用的开发工具，学习建议是学会使用Windows自带的记事本阅读或查看Python源代码，熟悉掌握 Python 自带的 IDLE 集成开发环境，了解 Jupyter Notebook 的使用方法。除了本书中介绍的开发工具外，还有可以在安卓手机上使用的 cPython；用于大数据处理、预测分析、科学计算的 Anaconda；用于 Python 项目开发的 IDE PyCharm 等开发工具。读者可以在熟悉 Python 解释器和自带 IDLE 的基础上，按照循序渐进的原则有选择地学习其他开发工具。

1.3.1 记事本

记事本是 Windows 操作系统自带的一款简易的编辑和修改文本文件（Python 源代码文件）的文本编辑工具，使用记事本可以在不用打开 Python IDLE 或 PyCharm 及其他第三方编辑器的情况下，提供了直接阅读或查看 Python 的源代码文件的一种方式。

【例1.8】 使用记事本编辑扩展文件名为 hello.py 的文件。

(1) 首先启动记事本应用程序，在运行对话框中输入：notepad.exe。
(2) 在记事本中输入代码：print("Hello World")。
(3) 文件保存：输入文件名 hello.py、保存类型选择"所有文件"、编码类型选择"UTF-8"。如图 1.9 所示。

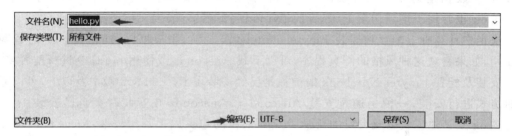

图 1.9　在记事本"保存"对话框中设置 Python 代码的保存选项

记事本应用程序，更多的使用场合是快速查阅 Python 源代码文件。使用方法：右键单击选中的文件，在弹出的快捷菜单中选择"打开方式"，选择"记事本"。

1.3.2 IDLE

安装好 Python 后，会在 Windows"所有应用"中出现 IDLE 的图标，如图 1.10 所示。

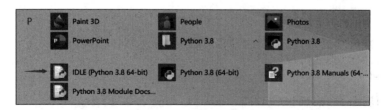

图 1.10　Windows"所有应用"中 Python 的启动图标

单击这个图标可以启动 Python 内置的经典 IDLE（集成开发和编辑环境），在这里集成了 Python 的 shell 解释器界面，提供了多文档编辑器，可以用丰富的颜色对 Python 语言进行标记，常见的语法颜色标识说明见表 1.5。

表 1.5　IDLE 常见的语法颜色标识

Python 语法标记符号	颜色	说　　明
#	红色	注释符号
def	橙色	预定义标识符号
双引号	绿色	标识字符串
调试中设置的断点	黄色	断点
语句输出结果	蓝色	
Syntax Error	红色	语法错误及错误标识

为了帮助初学者快速掌握 Python 语言的特点,建议初学者先学习使用 Python 自带的集成开发和编辑环境,待熟悉 Python 语言后,再学习第三方 Python 编辑器。

1.3.3　Jupyter Notebook

Jupyter Notebook 是一种开源的网页程序,能够创建及快速分享文档,将实时代码、公式、可视化图表等内容组织在一个文件内,形成一个类似笔记本的文档。Jupyter Notebook 可以用于数据清理和转换、数值模拟、统计建模、数据可视化、机器学习等。Jupyter Notebook 也常用于培训初学 Python 的 Python 爱好者。

决定在计算机上配置和安装 Jupyter Notebook 之前,用户可以访问 Jupyter 的官网进行试用,如果喜欢这种风格的网页程序,可以下载 Anaconda 或使用 pip 命令进行配置安装。

安装及配置 Jupyter Notebook 的前提是已经安装了 Python 3.3 版本及以上,可以通过两种方式进行安装,一种是通过安装 Anaconda。Anaconda 在安装时会自己安装 Jupyter Notebook 及其他工具以及大量的科学包及其依赖的包。如果不想安装 Anaconda,可以使用 pip 命令安装 Jupyter Notebook。

下面介绍在 Windows 操作系统平台下安装的具体步骤。

(1) 升级 pip 到最新版本,使用命令:

```
pip install ——upgrade pip
```

(2) 安装 Jupyter Notebook,使用命令:

```
pip install jupyter
```

【例 1.9】　Jupyter 的启动

Jupyter 安装成功后,可以尝试启动 Jupyter。方法是在控制台输入命令:

```
Jupyter Notebook
```

在控制台使用命令启动 Jupyter Notebook,如图 1.11 所示。

【例 1.10】　练习在 Jupyter Notebook 中编写 Python 代码。

第 1 步:在 Jupyter Notebook 页面中单击"New"按钮,在弹出的选项中选择"Python 3",如图 1.12 所示。

第 2 步:在浏览器中弹出新的标签页显示"Untitled 10 最后检查:2 分钟前(未保存改变)",如图 1.13 所示。

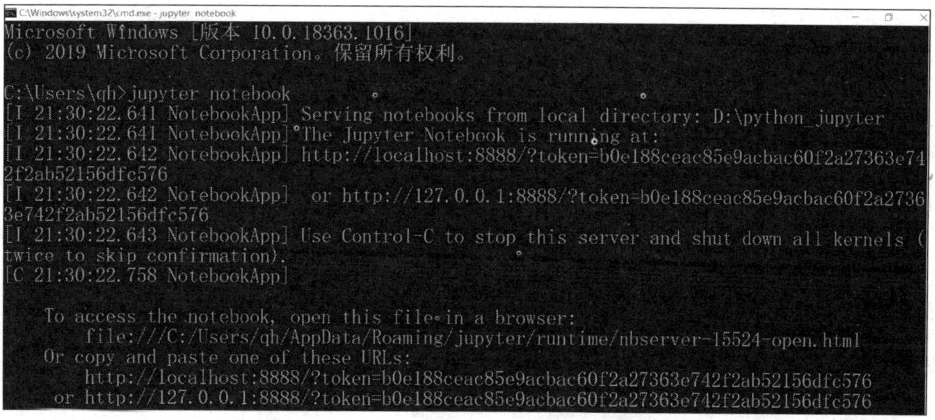

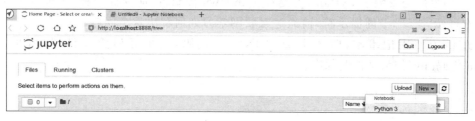

图 1.11　从控制台启动 Jupyter Notebook

图 1.12　Jupyter Notebook 页面中选择新建基于 Python 3 版本的文件

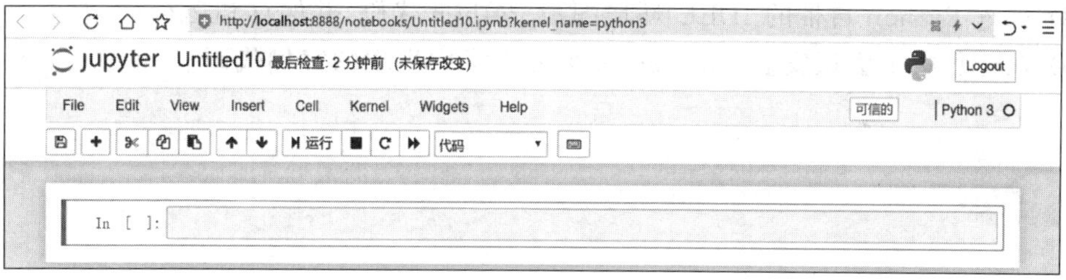

图 1.13　Jupyter Notebook 在浏览器中创建的新标签页

第 3 步：在 In[ ]：旁边的文本框中输入 Python 代码，单击"运行"按钮，执行 Python 代码，在代码的下方显示运行结果，如图 1.14 所示。

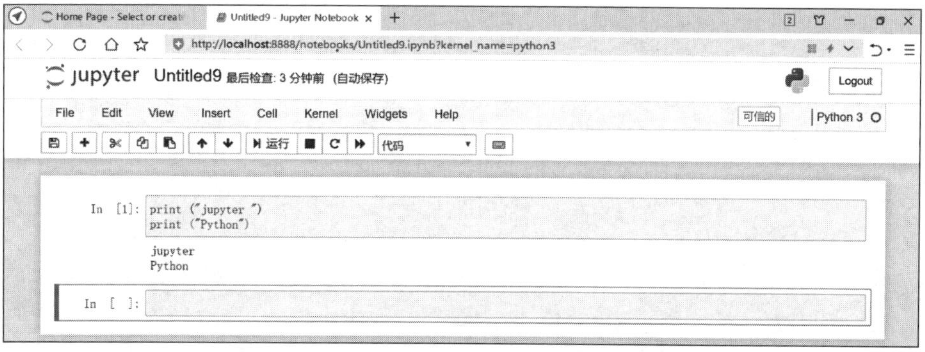

图 1.14　在 Jupyter Notebook 中运行 Python 代码

习 题

(1) 通过互联网了解 Python 之父——吉多·范罗苏姆的传奇故事。

(2) 为什么吉多·范罗苏姆被人们认为是"仁慈的独裁者(BDFL)"?

(3) 根据你的计算机或实验室的计算机配置,选择合适的 Python 版本进行安装练习;制订你的 Python 短期和长期的学习计划。

(4) 你的计算机硬件主要配置是_____,安装的操作系统是_____,如果要安装 Python,你选择要安装的 Python 版本号是_____。实验室的计算机硬件主要配置是_____,安装的操作系统是_____,是否预装了 Python(是/否),如果预装了 Python,版本号是_____。

(5) 如果已经安装了 Python,但是在 Windows 控制台"命令提示符"下输入 Python 命令,没有显示">>>"的提示符,请通过互联网学习如何解决这个问题。

(6) 练习使用记事本,输入下面的 Python 代码,编辑好后将文件以"我的第一个 Python 代码.py"作为文件名保存。

```
#我的第一个Python代码.py
print("你好,Python")
```

(7) 熟悉 Python 自带的解释器进入交互模式,练习本章中出现的案例代码。

(8) 进入 Python 自带的 IDLE 环境编写 Python 代码,并保存和运行。

(9) 在计算机上尝试安装 Jupyter,并练习本章中出现的案例代码。

第 2 章

变量及数据结构

变量和数据结构是 Python 代码的重要组成部分,变量及数据结构的合理使用是编写良好 Python 代码的重要基础。

本章主要内容:
- Python 程序基本结构;
- 基本输入和输出;
- 数字;
- 变量;
- 集合;
- 字符串;
- 列表;
- 元组;
- 字典。

2.1 Python 程序基本结构

2.1.1 用缩进表示代码块

Python 基于语法的需要及代码的可读性的需求,对代码的缩进有着严格的要求。学习 Python 语言代码缩进的规则及方法,有助于我们更好地学习和使用 Python 语言进行编程。

1. 为什么需要缩进

Python 借鉴和吸收了其他高级语言的优点,采用更加简洁的方法来对代码的模块进行区分,这种简洁的方法采用了比较严格的缩进处理机制来实现。

不同层次的语句或语句块之前为了表明层级可以使用缩进来进行区分,比如条件控制结构中的语句或语句块、循环结构中的循环语句块、函数的定义、类的定义等使用场景。

缩进的方法是：在需要缩进的地方空四个空格字符，下面以案例的形式来进行说明。

【例 2.1】 条件控制结构中的语句缩进。

在图 2.1 中，第 3 行代码作为 if 条件控制结构中语句中的一个分支，当 score(成绩)的值符合条件："大于或等于 90 分"，那么输出"优秀"的信息，第 5 行代码作为另外一个分支，输出不符合条件的提示信息"良好"。

```
1  score=95
2  if score>=90:
3      print ("优秀")
4  else:
5      print ("良好")
```

图 2.1 条件控制结构中的语句缩进

【例 2.2】 循环语句中的语句缩进。

```
for i in range(3):
    print ("学习 Python")      #循环语句块,向右缩进四个字符
    print (i)
print ("循环结束")              #循环语句结束后要执行的语句
```

第 2 行代码作为 for 循环语句中的循环语句，向右缩进四个字符的宽度，这样做不仅是满足代码美观的需要，更是 Python 语法规则的强制要求，如果没有缩进，Python 解释器将无法区分哪些是循环语句，从而引发解释器报错。特别要强调的是：在循环语句中，语句缩进的部分称为循环语句或循环语句块，循环语句块内的语句都应该遵循缩进的规则，循环语句结束后的语句，不需要继续缩进，是程序要继续执行的语句。

【例 2.3】 函数的定义及调用中的代码缩进。

```
def is_pass(score):            #自定义函数 is_pass()
    if score > 60:             #函数体开始
        return True            #返回布尔值 True
    return False               #函数体结束
s = 61                         #定义变量并赋值为 61
if is_pass(s):                 #调用自定义函数 is_pass()
    print ("及格")              #输出"及格"的信息
else:
    print ("不及格")            #输出"不及格"的信息
```

2. 常见的错误缩进

(1) 在变量名前错误地使用空格字符。

Python 对缩进比较敏感，错误地使用空格字符会造成 Python 解释器的语法检查出错。例如：

```
>>>   a = 1
  File "<stdin>", line 1
    a = 1
    ^
```

结果：IndentationError: unexpected indent

上面的语句提示："缩进错误：意外的缩进"。原因是在赋值语句前面，错误地使用了空格字符进行了缩进操作。

(2) 空格与制表符的混合使用。

对于初学者,有时候在代码编辑过程中容易将空格和制表符进行混用来进行代码的缩进操作,解决方法是:在编辑程序的过程中养成良好的代码编辑习惯,尽量避免使用空格或制表符来进行缩进操作;如果习惯使用空格来进行缩进操作,记住是缩进四个空格字符。

(3) 使用制表符来进行缩进操作。

这种错误主要在使用第三方编辑器编辑 Python 源代码时发生,主要原因是不同编辑器对制表符的宽度定义不一致。

在 Python 解释器中可以使用 Tab 键来产生缩进的宽度,这是允许的操作。

3. Python IDLE 中的代码缩进

在 Python IDLE 中的 shell 解释器中,如果输入条件语句或循环语句、编辑自定义函数等操作时,解释器会自动判断并自动给出合适的缩进。初学者可以在 shell 解释器中进行练习,以熟悉 Python 的语法规则。在 IDLE 中编辑代码时,也会自动根据输入的语句类型,自动给出合适的缩进,读者可以在 Python IDLE 中自行比较、体验一下。

为了方便 Python 爱好者熟悉 Python 代码的缩进方式,Python 自带的集成开发环境在 Format(格式)菜单中提供了代码编辑过程中进行缩进的操作,表 2.1 列出了 Python IDLE 中代码缩进的操作方法。

表 2.1 Python IDLE 中代码缩进的操作

菜单命令	命令	热键	备注
代码缩进	Ident Region	Ctrl+]	每执行一次,自动向右缩进四个字符的宽度
取消代码缩进	Dedent Region	Ctrl+[	每执行一次,自动向左缩进四个字符的宽度,直至无法缩进

2.1.2 代码注释

在 Python 程序代码执行时,遇到注释语句将被解释器跳过,而不被执行。利用这一语法规则,我们可以在程序代码中使用注释语句来标明代码创建的时间及作者信息、标明代码的作者和版权信息;解释代码的算法原理及函数的使用(调用)方法,帮助其他程序员更好地理解和阅读代码。

1. 注释的方法

给代码加上注释是成为优秀程序员的一个良好习惯。加上注释的代码,可以方便程序员阅读和理解,也便于我们今后再次阅读代码时能够快速理解为什么要这样编写代码。在 Python 中根据注释的内容,采用不同的形式来进行注释。常见的是使用注释符号"#"在代码后面进行注释说明;使用三个连续的双引号或单引号来注释多行文字。例如:

(1) 在代码后面使用的注释。

```
print ("Python 的代码注释")
a = 3                    #定义变量 a,存放整型数值 3
print (a)                #输出变量 a 的值
```

(2) 多行注释，标明作者创建代码的时间及作者信息。

```
# -*- coding: utf-8 -*-
"""
Created on Thu Jul 16 18:48:17 2020

@author: qh
"""
```

在上面的代码中，使用"#"注释一行内容，说明代码文件采用 UTF-8 格式进行存储。同时使用三个连续的双引号将多行文本内容包含在内，对代码文件的创建时间及作者姓名进行了简要说明。

2. Python IDLE 集成开发环境的注释方法

在 IDLE 集成开发环境中，对于选择的单行代码或多行代码，可以使用格式菜单(Format)中的 Comment Out Region 命令来进行注释，使用 Uncomment Region 命令来取消注释，这两个命令对应的快捷键是 Alt+3(注释)、Alt+4(取消注释)。

在 Python 3.x 版本中，使用上述方法进行注释的代码，前面自动增加两个"#"号，并以红色对代码进行标识，表明这是注释的内容。这种方法通常用于在代码调试时取消该行代码的运行或者恢复代码的运行。

3. PyCharm 中注释的操作

在 PyCharm 中进行注释的操作主要在"code"菜单中。具体含义及对应的操作如表 2.2 所示。

表 2.2 注释操作

菜单命令	中文释义	快捷键
Comment with Line Comment	注释一行	Ctrl+/
Comment with Block Comment	注释多行(语句块)	Ctrl+Shift+/

在 PyCharm 中，对于未注释的单行代码按下快捷键"Ctrl+/"表示注释，再次按下快捷键"Ctrl+/"表示取消注释。注释多行代码的操作方法与之相同。

4. 注释的规范性使用

初学者在学习 Python 语言时对于不熟悉的代码可以适当添加注释性的文字，用于加深对 Python 语句的理解，在熟悉 Python 语句功能后，可以适当减少注释的内容，对于常见的操作可以不用注释，但对于变量的定义及其功能、自定义函数的定义及使用方法，特别是算法的实现方法、自定义类的定义及使用、代码的编写说明及作者声明(放在代码的最前面)，可以进行必要的注释。这样可以方便自己后期对代码进行维护，也便于别人对代码进行阅读和理解。

2.1.3 语句续行

在编程实践中，如果一行代码比较长，为了满足编辑代码、代码阅读及代码维护的需要，我们需要对比较长的代码进行续行的编辑。

(1) 一般用法。

在代码需要续行的位置增加一个反斜杠"\"符号,用来表示语句的续行。例如:

【例 2.4】 代码的续行。

在 Python IDLE 中新建一个 Python 文件输入下面的代码,并保存为"代码的续行.py"格式。

```
str1 = "你自己的代码如果超过 6 个月不看,\
再看的时候也一样像是别人写的.\n\
                            ——伊格尔森定律"
print (str1)
```

结果:

你自己的代码如果超过 6 个月不看,再看的时候也一样像是别人写的.
                            ——伊格尔森定律

在上面的代码中除了中文字符之外还有转义字符"\n"的使用,请读者在 Python IDLE 中录入代码,并自行观察程序运行结果,在熟练掌握后,可以自行修改文字内容,对代码的运行结果进行查看及编辑,使程序的运行结果美观。

(2) 其他特殊的用法。

在 Python 语言中,对列表[]、字典{}进行分行时,不必加上续行符号。

【例 2.5】 列表的分行。

```
>>> print ([1,2,3,
    4,5,6])
```

结果:

```
[1, 2, 3, 4, 5, 6]
>>> print ([1,2,3,
        4,5,6])
```

结果:[1, 2, 3, 4, 5, 6]

对字典内容进行定义或使用时,不必加上续行符号。例如:

【例 2.6】 字典的分行。

```
chdict = {'a': 65,'b': 66,'c': 67,
        'd': 68,'e': 69,'f': 70}
print(chdict)
print ({'a': 65,'b': 66,'c': 67,
        'd': 68,'e': 69,'f': 70})
```

2.1.4 语句分隔

编写代码时,通常一行代码由一条语句组成,如果还有其他的语句需要编辑,则需要换行进行代码的编辑。例如:

```
a = 1
b = 2
print (a + b)
```

结果：3

对于上面的代码,也可以将两个赋值语句合并写成一行代码,使用方法是在每条语句后面添加一个分号";",用作语句的分隔符号。例如:

```
a = 1;b = 2                    ♯给变量 a 和 b 赋值
print (a,b)
```

结果：1 2

2.1.5 关键词与大小写

1. 特殊的关键词

在 Python 内部有一些特殊的关键词,关键词在 Python 内部有其特殊的定义,它跟其他高级语言一样,不能作为用户自定义的变量标识符,否则在程序运行时,Python 解释器会进行语法检查,对出现的错误进行标示,通常会给出以下的错误提示：

SyntaxError: invalid syntax.

释义：语法错误,无效的语法。

表 2.3 列出了常见的 Python 3 关键词,这部分关键词需要读者结合教材各章节的案例进行理解,在编程实践中学习,而不必死记硬背。

表 2.3 常见的 Python 3 关键词

False	True	None	Try	From
continue	global	nonlocal	is	in
del	def	return	finally	except
for	while	break	with	lambda
if	else	elif	pass	as
not	and	or	import	

2. 查看 Python 内部关键词

在学习过程中,可以随时进入到 Python 内部的帮助系统,输入语句 keywords 来查看 Python 内部的特殊关键词及关键词的具体使用方法。例如:

【例 2.7】 查看 Python 内部关键词。

具体操作步骤如下。

(1) 双击"IDLE (Python)"的图标,进入内置 IDLE 解释器。

(2) 在">>>"提示符下输入：help()语句。

(3) 在"help>"提示符下输入：keywords 语句。

（4）在"help＞"提示符下输入关键词可以获得该关键词的帮助信息。

3. keyword 模块的使用

Python 提供了一个内部模块 Keyword，可以查看内部关键词及判断用户提供的词语是否为内部关键词。

【例 2.8】 keyword 模块的使用。

```
>>> import keyword
>>> keyword.kwlist
```

结果：

```
['False', 'None', 'True', 'and', 'as', 'assert', 'async', 'await', 'break', 'class', 'continue', 'def', 'del', 'elif', 'else', 'except', 'finally', 'for', 'from', 'global', 'if', 'import', 'in', 'is', 'lambda', 'nonlocal', 'not', 'or', 'pass', 'raise', 'return', 'try', 'while', 'with', 'yield']
```

```
>>> len(keyword.kwlist)          #查看 Python 内部关键词的数量
```

结果：

```
35
>>> keyword.iskeyword("and")     #判断"and"是否为内部关键词
```

结果：

```
True
>>> keyword.iskeyword("Try")     #判断"Try"是否为内部关键词
```

结果：

```
False
>>> keyword.iskeyword("try")     #判断"try"是否为内部关键词
```

结果：True

2.2 基本输入和输出

2.2.1 基本输入

Python 提供了输入函数 input()用来实现从标准输入设备（键盘）读取用户输入的字符串信息。如果要获取用户输入的"姓名"信息，一般的用法如下。

【例 2.9】 从键盘获取用户输入的信息。

```
>>> name = input("请输入姓名：")
```

结果：

```
请输入姓名：李华
>>> print(name,"你好!")
```

结果：

李华 你好！

如果需要获取用户输入的数值信息，比如整数或小数，需要使用 int() 函数和 float() 对 input() 函数返回的值(字符串数据)进行转换处理。

【例 2.10】 从输入设备获取用户输入的整数，输出这个数。

```
>>> a = int(input("输入一个整数:"))
```

结果：

```
输入一个整数: 16
>>> type(a)                    #查看变量 a 的数据类型
```

结果：

```
<class 'int'>
>>> print(a)
```

结果：16

【例 2.11】 从输入设备获取用户输入的带小数的数，输出该数加上 1 的运算结果。

```
>>> a = float(input("输入学生的成绩:"))
```

结果：

```
输入学生的成绩: 85.5
>>> type(a)                    #查看变量 a 的数据类型
```

结果：

```
<class 'float'>
>>> print("输入的成绩是:",a)
```

结果：

```
输入的成绩是: 85.5
>>> print("输入的成绩加 1 的结果是:",a+1)
```

结果：输入的成绩加 1 的结果是: 86.5

在例 2.10 和例 2.11 中分别将 input() 的返回值作为 int() 和 float() 函数的参数进行数据转换，然后将转换的数据赋值给变量 a，对于使用 input() 输入的整数或浮点数，如果没有进行相应的转换，而直接进行数据的运算，将导致数据不匹配运算失败的错误提示 (TypeError)。

【例 2.12】 对输入的数据未进行转换导致 TypeError。

```
>>> a = input("输入学生的成绩:")
```

结果：

输入学生的成绩: 86

```
>>> a + 11
```

结果:

```
Traceback (most recent call last):
  File "<stdin>", line 1, in <module>
TypeError: can only concatenate str (not "int") to str
```

2.2.2 基本输出

1. print()函数的用法

Python 语言提供了输出对象内容的基本输出函数 print()。语法格式:

print(对象名称)

(1) 输出不同类型的变量。例如:

```
>>> a = 10                  # 整型 int
>>> b = 3.14159             # 浮点型 float
>>> c = "China"             # 字符串 string
>>> d = [1,2,3]             # 列表 list
>>> print(a,b,c,d)          # 输出变量 a,b,c,d 的内容,默认使用空格作为分隔符
```

结果: 10 3.14159 China [1, 2, 3]

注意: 如果要在同一行输出多个不同的变量,应使用逗号对这些变量进行分隔。

(2) 输出不同类型的变量,使用参数 sep 指定的字符作为分隔符。例如:

```
>>> print(a,b,c,d,sep=",")       # 指定逗号字符作为各个变量的分隔符号
10,3.1415926,China,[1, 2, 3]
```

小结: sep 参数用于对象输出的分隔符,默认使用空格作为分隔符。

(3) 使用 end="" 参数来控制 print() 函数输出内容后是否换行。例如:

```
print("换行练习:")                # 第 1 行
print("test")                     # 第 2 行
print("换行练习:",end="")         # 输出字符串后,结束符用空的字符代替,不换行
print("test")                     # 接着上一行语句输出"test"字符串后换行
print("换行练习 2:",end="")
print("TEST",end="\n")            # 接着输出"test"字符串后显示转义字符"\n"
```

结果:

换行练习:
test
换行练习: test
换行练习 2: TEST

代码分析: 本例中的代码请在 IDLE 编辑器输入后以 .py 文件格式保存后运行,第 1 行和第 2 行中的代码直接输出字符串对象,没有加上 end 参数,表示输出对象内容后换行。

【例 2.13】 混合数据类型的输出。

```
a = 1.23
b = 11
str1 = "a = "
print (str1,a,"b = ",b)                    ♯ 使用逗号分隔要输出的不同类型对象
♯ 使用 str() 对 int、float 类型的对象转换后构成字符串表达式输出
print(str1 + str(a) + " b = " + str(b))
print(f"{str1} {a}, b = {b}")
```

结果：

```
a = 1.23 b = 11
a = 1.23 b = 11
a = 1.23, b = 11
```

2. 使用格式字符串输出

在同一行内输出字符串和数值类型的数据时，为了实现代码的简洁化和易读性，Python 语言使用字符串格式化控制的方法。

(1) 传统的字符串格式化。

使用"％"操作符来实现字符串格式化。

【例 2.14】 使用"％"操作符来实现字符串格式化。

```
r = float(input("请输入圆的半径值："))
s = 3.14159 * r * r
print("圆的半径：% f,圆的面积：% f" % (r,s))
print("圆的半径：% .2f,圆的面积：% .4f" % (r,s))
```

例题说明：％f 表示以浮点数形式输出变量的字符串形式，百分号(％)后面的数值以英文的句号作为分隔，前面表示字符的最小总宽度，后面表示数值取小数位的宽度。Python 解释器在执行代码时按照这样的设定输出数据。需要特别说明的是一般只需要指定浮点数的小数位宽度即可，前面的数值不用设置，使用 ％.nf 即可，n 表示要设置的小数位宽度值。

在一些 Python 代码中，使用"％"操作符来控制字符串的格式化输出这一方法将逐渐被淘汰，而是采用更加简洁易用的方法来实现，参考下面的 str.format()使用方法。读者在学习时应以了解使用方法为主，在阅读到使用该操作符的代码时，知道其用法的含义即可。

(2) str.format()的使用方法。

【例 2.15】 str.format()的使用方法。

```
import math
r = float(input("请输入圆的半径值："))
s = math.pi * r * r
print("圆的半径：{},圆的面积：{}".format(r,s))              ♯ 未设置数据值的小数位值
print("圆的半径：{:.3f},圆的面积：{:.3f}".format(r,s))      ♯ 设置数据值的小数位值为 3 位
print(f"圆的半径：{r:.3f},圆的面积：{s:.3f}")                ♯ str.format()的另外一种简写形式
```

结果：

请输入圆的半径值：123.1234
圆的半径：123.1234,圆的面积：47624.57053818004
圆的半径：123.123,圆的面积：47624.571
圆的半径：123.123,圆的面积：47624.571

3. 输出格式的美化

为了实现输出形式的多样化,可以在格式化字符中加入转义字符来控制输出内容的形式。

【例 2.16】 输出格式的美化练习。

```
str1 = "正确面对疫情"
str2 = "科学调适心理"
str3 = "管理不良情绪"
str4 = "共同抗击病毒"
print(f"面对新型冠状病毒性肺炎疫情,我们要：{str1},{str2},{str3},{str4}.")
print()                          #输出空行
print(f"面对新型冠状病毒性肺炎疫情,我们要：\n\
{str1}\n{str2}\n{str3}\n{str4}")
```

结果：

面对新型冠状病毒性肺炎疫情,我们要：正确面对疫情,科学调适心理,管理不良情绪,共同抗击病毒.

面对新型冠状病毒性肺炎疫情,我们要：

正确面对疫情
科学调适心理
管理不良情绪
共同抗击病毒

【例 2.17】 对案例 2.16 加以改进。

```
str1 = "正确面对疫情"
str2 = "科学调适心理"
str3 = "管理不良情绪"
str4 = "共同抗击病毒"
print (f"面对新型冠状病毒性肺炎疫情,我们\要：\n{str1:>10}\n{str2:>10}\n{str3:>10}\n{str4:>10}")
print("\n")
print (f"面对新型冠状病毒性肺炎疫情,我们\要：\n{str1:^20}\n{str2:^20}\n{str3:^20}\n{str4:^20}")
```

其他的格式化美化修饰方法,读者可以查询 Python 官网上的使用案例或在网上搜索相关的教程进行学习。

2.3 数　　字

2.3.1 数字常量

数字常量是指一个固定的数值数据,比如圆周率的值,根据不同计算的需要进行取值。

Python 语言没有针对常量的特定定义,按照约定俗成的用法,我们通常使用全部大写字母的符号作为数字常量的变量名,数字常量的定义方法是:

数字常量名 = 数值

【例 2.18】 圆面积的计算。

```
PI = 3.14159265            #定义一个数字常量表示圆周率的值
#已知圆的半径值为 3.1,计算圆面积
r = 3.1
s = PI * r * r             #计算圆面积
print(s)
```

结果:30.190705366500005

2.3.2 数字运算

1. 常见的数字运算

【例 2.19】 对两个数进行加、减、乘、除的运算。

```
a = 12;b = 6               #对变量 a,b 分别赋值为整型 12 和 6
print(a + b)
print(a - b)
print(a * b)               #输出两个变量进行乘法运算的结果
print(a/b)                 #输出两个变量进行除法运算的结果
```

结果:

18
6
72
2.0

同其他高级程序语言一样,在进行除法运算时遵循一个重要的原则:除数不能为 0,否则会报错,解释器会出现 ZeroDivisionError: division by zero 的提示信息。

上面的代码中对于单个斜杠"/"的除法,参与运算的两个数,不论是整型还是浮点型,运算结果都为浮点型。这是由 Python 的内部工作机制决定的,如果需要取计算结果为整型,可以加上取整函数 int()来实现。

【例 2.20】 对两个变量进行除法运算,运算结果取整数部分。

```
>>> a = 11
>>> b = 2
>>> a/b                    #对两个变量进行除法运算
```

结果:5.5

```
>>> int(a/b)               #对两个变量进行除法运算的结果取整
```

结果:5

Python 语言提供了双斜杠"//"运算符,用于表示整除的运算。

【例 2.21】 使用整除运算符对两个变量进行整除。

```
>>> a = 11
>>> b = 2
>>> a//b                          #对两个变量进行除法运算
```

结果：5

通过对语句的运行结果进行分析,我们可以发现使用 a//b 的运算结果与 int(a/b)的结果是一致的。

百分号"％"(取余)运算符的使用。

【例 2.22】 分离个位与十位的问题。

```
>>> a = 12
>>> a0 = a % 10                   #a0 存放个位数,a%10 求余运算的结果
>>> a1 = a//10                    #a1 存放十位数,a//10 整除的结果
>>> print (a1,a0)                 #输出十位 a1 和个位 a0 的结果
```

结果：1 2

读者可以思考一下,如何将一个三位数分离个位、十位和百位？

除了刚才介绍的数字运算,Python 还支持幂指数运算,类似 2^{10} 这样的问题可以轻松计算出结果。例如：

计算 2 的 10 次方。

```
>>> 2 ** 10                       #两个 ** 表示幂运算
```

结果：1024

Python 提供了内部函数 pow()幂函数,也可以实现幂运算。例如：

使用 pow()函数计算以 2 为底的 10 次方。

```
>>> pow(2,10)                     #逗号前面的值表示底数：2,逗号后面的值表示指数：10
```

结果：1024

2. 数字的关系运算

数字支持关系运算,关系运算结果为逻辑值 True 或 False,分别表示关系运算成立或不成立。表 2.4 列出了数字的关系运算情况。

表 2.4 数字的关系运算

比较运算符	含义	示例	比较运算符	含义	示例

<	小于	>>> a = 1
		>>> a < 0
		False
			>=	大等于	>>> a = 5
					>>> a >= 5
					True

<=	小等于	>>> a = 1
		>>> a <= 1
		True
			==	等于	>>> a = 5
					>>> a == (2 + 3)
					True

续表

比较运算符	含义	示 例	比较运算符	含义	示 例

>	大于	>>> a = 2
		>>> a > 3
		False
		>>> a > 1
		True
			!=	不等于	>>> a = 6
					>>> a != (4 + 2)
					False

3. 数字的逻辑运算

数字支持的逻辑运算符主要有：按位与、按位或、按位异或运算。

(1) 按位与运算。

按位与运算的运算符为"&"，运算规则：两个参与按位与运算的值均为1时结果才为1，其他情况时结果都为0。例如：

>>> 0 & 0 ;0 & 1;1 & 0; 1 & 1

结果：

0
0
0
1

上面的例子列出了数值0和1的四种组合按位与运算的结果，根据运算结果，得到按位与运算真值表，如表2.5所示。

表 2.5　按位与运算真值表

数值1	数值2	数值1 & 数值2
0	0	0
0	1	0
1	0	0
1	1	1

按位与运算，通常可以用来作清零的操作，例如，对一个数进行清零操作，可以这样操作：

>>> x = 5
>>> x & 0

结果：0

(2) 按位或运算。

按位或运算的运算符为"|"，运算规则：两个参与按位或运算的数值，只要其中一个为真，那么运算结果为真。按位或运算真值表如表2.6所示。例如：

>>> 0| 0;0 | 1; 1 | 0;1 | 1

结果：

0
1
1
1

表 2.6 按位或运算真值表

数值 1	数值 2	数值 1 ｜数值 2
0	0	0
0	1	1
1	0	1
1	1	1

（3）按位异或运算。

按位异或运算的运算符为"^"，运算规则：两个参与按位异或运算的数值，两数相同时为 0，相异时则为 1。按位异或运算真值表如表 2.7 所示。例如：

```
>>> 0^0; 0^1; 1^0; 1^1
```

结果：

0
1
1
0

表 2.7 按位异或运算真值表

数值 1	数值 2	数值 1^数值 2
0	0	0
0	1	1
1	0	1
1	1	0

小结：位的逻辑操作一般是先将数字转化为二进制数后进行的操作。如果参与运算的数不是二进制数，Python 解释器在进行位的逻辑运算时会自动进行转换。

Python 中的位运算除了本节介绍的按位与、按位或、按位异或运算外，还有取反、左移、右移等运算，感兴趣的读者可以自行在互联网上搜索这方面的资料进行学习。

2.3.3 小数

1. 小数的书写形式

在 Python 语言中，小数是以浮点型数据类型存储，Python 中的小数有两种书写形式，分为十进制形式小数和指数形式小数。

十进制形式，形如：3.1415926、365.0、0.618。这种书写代码的形式，必须使用英文符"."作为小数点，没有小数点的数值，Python 解释器统一处理为整型数据类型。

指数形式,形如:3.1e5、3.6E5、2.0e10、2e10。例如:

```
>>> type(2e10)                    # 查看指数形式表示的数据类型
```

结果:< class 'float'>

```
>>> type(2.0e10)
```

结果:< class 'float'>

在上述代码中,只要是写成指数形式的数,Python 解释器都按浮点数类型进行处理。

2. 小数表达的数据

有些场合需要对浮点数的计算精度有进一步的要求,在 Python 中,有时候使用浮点数对象进行计算时会出现计算上的问题。例如:

```
>>> 2.1 + 1.239
```

结果:3.3390000000000004

```
>>> 5.11 + 2.129
```

结果:7.239000000000001

误差产生的原因与 Python 浮点数类型保存数据的形式有关,因此在使用 float 类型的数值进行计算时,会不可避免地存在误差,为了解决这个问题,可以使用 decimal 模块来避免产生计算误差。

【例 2.23】 使用 decimal 模块。

```
>>> import decimal
>>> a = decimal.Decimal('2.1')
>>> b = decimal.Decimal('1.239')
>>> print (a + b)
```

结果:3.339

例题说明:在要求精度和准确性的计算场合,为了确保数据计算的准确性、一致性,有时候需要牺牲一定额外的性能,引入 decimal 模块,使用 Decimal()方法处理计算的精度问题,在不能完全消除误差的情况下,需要尽力去优化计算方法,使误差产生的可能性降低。由此可见对代码进行必要的数据测试和运行结果分析是必要的、重要的环节。

3. 小数的计算结果

有时候 Python 给出的计算结果和实际的结果不太一样,比如 11.3 * 0.1 的结果很明显是 1.13,但如果使用 print()输出,或者在解释器里显示的结果却存在偏差,究其原因是小数在内存中以二进制进行存储,所以在 Python 语言中,小数的计算结果一般是不精确的。

【例 2.24】 小数的计算结果测试。

```
>>> while n < 12:
        print (f"{n} * 0.1 = {n * 0.1}")
        n += 0.1
```

结果:

```
11.0 * 0.1 = 1.1
```

```
11.1 * 0.1 = 1.11
11.2 * 0.1 = 1.1199999999999999
11.299999999999999 * 0.1 = 1.13
11.399999999999999 * 0.1 = 1.14
11.499999999999998 * 0.1 = 1.15
11.599999999999998 * 0.1 = 1.16
11.699999999999998 * 0.1 = 1.1699999999999997
11.799999999999997 * 0.1 = 1.1799999999999997
11.899999999999997 * 0.1 = 1.1899999999999997
11.999999999999996 * 0.1 = 1.1999999999999997
```

2.3.4 分数

在一些应用场合，如果要表示数学表达式中的分数形式或以分数形式完成分数运算，并以分数形式返回计算结果。我们可以引入专门用于处理分数的 Fraction() 函数。这个函数属于 fracions 模块，使用时需要导入这个模块。为了简化代码的书写形式，我们一般采用 from fractions import Fraction 来导入 fractions 模块。

【例 2.25】 使用分数形式计算 $\frac{1}{2}+\frac{1}{3}$。

```
>>> from fractions import Fraction    # 导入可以实现分数的 fractions 模块
>>> x = Fraction(1,2)                 # 定义 Fraction 对象
>>> y = Fraction(1,3)
>>> print (x + y)                     # 输出计算结果
5/6
>>> x + y                             # 进行分式的计算
Fraction(5, 6)
```

在该例题中，使用的函数 Fractions 是生成分数类对象的函数，在代码中的第 2 行和第 3 行分别定义了两个分数类对象 x 和 y。使用 x+y 语句进行分数类对象的计算，返回值为分数类对象 Fraction(5，6)。可以使用 print() 函数输出分数类对象的计算结果，也可以使用 float() 返回分数类对象的浮点数形式。

【例 2.26】 输出分数对象的浮点数形式。

```
>>> x                                 # 显示变量 x 的内容
Fraction(1, 2)
>>> y                                 # 显示分数类对象 y 的内容
Fraction(1, 3)
>>> print (float(x + y))
0.8333333333333334
```

如果我们需要从键盘上输入分数形式的数据，并且编程完成分数的运算，可以参考案例 2.27。

【例 2.27】 编写代码实现从键盘上输入 $\frac{1}{2}$ 和 $\frac{1}{3}$，并对两个分数进行加法运算和减法运算。

```
from fractions import Fraction        # 导入模块
```

```python
x = Fraction(input('请输入分数 1: '))
y = Fraction(input('请输入分数 2: '))
print(f"{x} + {y} = {x + y}")
print(f"{x} - {y} = {x - y}")
```

结果：

请输入分数 1: 1/2
请输入分数 2: 1/3
1/2 + 1/3 = 5/6
1/2 - 1/3 = 1/6

在 fractions 模块中对分数的运算有一些特殊的规则，下面以代码的形式进行说明。

```
>>> from fractions import Fraction    # 导入模块
>>> x = Fraction(1,2)                 # 定义分数类对象 x
>>> a = Fraction(1,5)                 # 定义分数类对象 a
>>> y = 1; z = 2.1                    # 定义整型对象 y 和浮点型对象 z
>>> x + y                             # 分数类对象与整型对象相加，结果为分数类对象
```

结果：Fraction(3, 2)

```
>>> x + z                             # 分数类对象与浮点型对象相加，结果为浮点型对象
```

结果：2.6

```
>>> x + a                             # 分数类对象相加，结果为分数类对象
Fraction(7, 10)
# 将小数形式的字符串转换为分数类对象，例如：
>>> from decimal import Decimal       # 导入小数模块
>>> x = Fraction(Decimal('1.2'))      # 将小数形式的字符串转换为分数类对象并赋值给变量 x
>>> x
```

结果：Fraction(6, 5)

```
>>> print(x)
```

结果：6/5

```
>>> print (float(x))
```

结果：1.2

2.3.5 数学函数

1. 与数据类型相关的数学函数

(1) int()取整函数。

int()函数用于将一个字符串或数字转换为整型类型。常用于取小数的整数部分或将字符串形式的数字字符转换为可进行数学计算的整型数据类型，例如：

```
>>> a = 1.2345
>>> int(a)
```

结果：1

```
>>> b = 1.678
>>> int(b)
```

结果：1

【例 2.28】 将输入的字符形式数字转换为整型数据类型。

```
>>> a = input("输入 a 的值: ")      #将 input()函数的返回值存放在变量 a 中
```

输入 a 的值：5

```
>>> a                              #输出变量 a 的值
```

结果：'5'

```
>>> int(a) + 1                     #将变量 a 的值'5'转换为整型数据类型
```

结果：6

对于例 2.28，如果没有使用 int()函数进行数据转换，直接使用语句 a＋1 将会导致 TypeError，类型错误，因为 input()返回的是键盘上输入的数值字符，而常量 1 为整型数据，两种不同的数据类型是不能进行字符连接运算或加法运算的。

int()函数还可以对以进制形式表示的字符进行转换，转换为对应的十进制数值。语法形式为

int(x, base = N)

x 表示要转换的进制形式字符，N 表示要转换的进制数，默认为十进制数。除了默认值，N 的取值范围为 2、8 或 16，分别对应的是二进制字符、八进制字符或十六进制字符。例如：

【例 2.29】 进制的转换。

```
>>> int("1111", base = 2)          #将二进制字符"1111"转换为十进制数值
```

结果：15

```
>>> int("17", base = 8)            #将八进制字符"17"转换为十进制数值
```

结果：15

```
>>> int("0F", base = 16)           #将十六进制字符"0F"转换为十进制数值
```

结果：15

（2）float()函数。

float()函数用于将整数或字符串转换成浮点数。

【例 2.30】 将整型数据类型转换为浮点数。

```
>>> a = 1                          #对象 a 赋值为整型数据类型值,指向整型数值 1
>>> type(a)                        #查看变量 a 的数据类型
```

结果：<class 'int'>

```
>>> float(a)                          #将对象a从整型数据类型转换为浮点数
```
结果：1.0

```
>>> type(float(a))                    #查看float(a)返回值的数据类型
```
结果：<class 'float'>

【例2.31】 将输入的字符形式数字转换为浮点型数据类型。

```
>>> a = input("输入a的值：")           #将input()函数的返回值存放在变量a中
```
输入a的值：5

```
>>> a                                 #输出变量a的值
```
结果：'5'

```
>>> float(a) + 1                      #将变量a的值'5'转换为浮点型数据类型并与整型数1进行计算
```
结果：6.0

【例2.32】 将字符形式的数值转换为浮点型数据类型。

```
>>> a = '12.31'
>>> float(a)
```
结果：12.31

2. 进制转换函数

(1) bin()将十进制整数转换成二进制数。例如：

```
>>> bin(4), bin(5), bin(6), bin(7)
```
结果：('0b100', '0b101', '0b110', '0b111')

(2) oct()将十进制整数转换成八进制数。例如：

```
>>> oct(7), oct(8), oct(9), oct(10)
```
结果：('0o7', '0o10', '0o11', '0o12')

(3) hex()将十进制整数转换成十六进制数。例如：

```
>>> print(hex(10), hex(11), hex(12), hex(13), hex(14), hex(15))
```
结果：0xa 0xb 0xc 0xd 0xe 0xf

3. 常用的数学运算函数

(1) 绝对值函数abs()。

```
>>> a = 1
>>> abs(a)
```
结果：1

```
>>> abs(-2)
```
结果：2

（2）四舍五入函数 round()。

四舍五入函数 round() 的语法为

round(x[,n])

x 为数值表达式，可以是变量，也可以是数值表达式，n 为数值表达式，表示小数点的位数。

>>> round((1+2+3)/3,2)   # 返回表达式 1+2+3 的平均值，四舍五入取 2 位小数

结果：2.0

>>> round(1/3,3)   # 返回 1/3 的值，四舍五入取 3 位小数

结果：0.333

（3）幂运算函数 pow()。

幂运算函数 pow() 返回 x^y（x 的 y 次方）的值。其语法形式为

pow(x,y,[z])

函数主要计算 x 的 y 次方，如果 z 存在，则对运算的结果进行取模，相当于 pow(x,y)％z。pow() 函数在调用时，会根据参数值的数据类型，返回相应结果。

>>> pow(2,3)

结果：8

>>> 2**3   # 另外一种实现幂运算的方法

结果：8

（4）序列数据求和函数 sum()。

>>> sum([1,2,3,4,5])   # 对列表对象进行求和运算

结果：15

（5）最小值函数 min()。

>>> min(11,-1,0,88)   # 返回系列对象中的最小值

结果：-1

>>> nlst=[11,221,12,-1,0,321]
>>> min(nlst)   # 返回列表对象 nlst 中的最小值

结果：-1

（6）最大值函数 max()。

>>> max(range(100))   # 返回可迭代序列中的最大值

结果：99

>>> min(range(100))   # 返回可迭代序列中的最小值

结果：0

```
>>> max([11,21,90,-1,0])           #返回列表对象中的最大值
```
结果：90

```
>>> max((11,21,89))                #返回元组对象中的最大值
```
结果：89

(7) 商和余数的计算 divmode()。

【例 2.33】 计算 11 除以 2 的商和余数。

```
>>> a,b = divmod(11,2)
>>> print(f"11 除以 2 的商是{a},余数是{b}")
```

结果：11 除以 2 的商是 5,余数是 1

2.4 变　　量

2.4.1 变量与对象

在 Python 语言的世界里，一切数据皆为对象(object)，对象像一个容器，里面装的是数据，因数据类型的不同，容器的内容也不同。按对象类型的可编辑性来区分，可分为可变数据类型和不变数据类型。可变数据类型可以修改，如列表数据类型，而不变数据类型不可以修改，比如字符串、元组数据类型。

在 Python 语言中，为了方便引用内存中的数据，可以给内存中的数据定义(命名)一个名字，这个名字称为变量(variable)，这种操作称为给变量赋值，或声明(定义)一个变量。

Python 语言借鉴了其他高级语言的用法，使用"="，即等号作为赋值符号。

```
>>> 3                              #数据对象：整型数 3
```
结果：3

```
>>> id(3)                          #返回数值对象的标识(数值对象在内存中的地址)
```
结果：140720369571552

```
>>> a = 3                          #将整数 3 赋值给变量 a
>>> id(a)                          #返回变量 a 的标识
```

结果：140720369571552

上述代码验证了在 Python 语言中，数值对象在内存中的标识具有唯一性，使用变量赋值给变量 a，变量 a 的标识同数值 3 在内存中的标识是一致的。变量只是一个名字(符号)，赋值语句只是给数据对象取了个名字。变量指向对象存放在内存中的地址，即指向对象的引用。

```
>>> a = 5                          #使用赋值语句将变量名 a 指向整型数值对象 5
>>> b = a                          #变量名 b 指同整型对象 5
>>> id(a)                          #查看变量 a 的标识符
```

结果：140720369571616

```
>>> id(b)                          #查看变量 b 的标识符
```
结果：140720369571616

```
>>> print (a,b)                    #输出变量 a 和 b 的值
```
结果：5 5

```
>>> a = b = c = 6                  #将变量名 a,b,c 指向整型对象 6
    >>> id(a),id(b),id(c)          #查看变量名 a,b,c 的标识符
```
结果：(140720369571648, 140720369571648, 140720369571648)

```
>>> print(a,b,c)                   #输出变量名 a,b,c 指向的值
```
结果：6 6 6

2.4.2 对象的垃圾回收

Python 语言提供了对象的垃圾回收机制，具体做法是使用 del 语句来释放变量占用的存储空间。

```
>>> a = 5
>>> print (a)
```
结果：5

```
>>> del a                          #删除变量 a,释放变量 a 占用的存储空间
>>> print (a)
```
结果：Traceback (most recent call last):

File "< stdin >", line 1, in < module >
NameError: name 'a' is not defined

在本例中，使用 del 语句删除变量 a 后，使用输出语句 print 输出变量 a 的值，显示名称错误，提示变量名'a'没有定义。（NameError：name 'a' is not defined）

2.4.3 变量命名规则

1. 变量命名的一般规则

（1）变量名的第一个字符禁止使用数值或非字母的字符，但下画线例外，在 Python 内部，一些特殊的使用场景有其特殊的含义，在后续章节会有详细介绍。例如：1a、#a 等不能作为变量的名称。

（2）Python 内部关键词不能作为变量的名称，如果使用错误会导致语法检查出错。

（3）Python 语言吸收了其他高级语言的特点，对于大小字符进行严格的区分，例如 ch1 和 Ch1 是不同的变量名，通常对于自定义变量名，建议初学者全部统一用小写字母来命名。

（4）为了让代码方便程序员的阅读和代码的分享与交流，建议使用全小写字母，采用一

些成熟的命名方法来对模块/包名、函数名、变量名进行命名。

(5) 类名通常为首字母大写,以表明类的特殊性。如自定义学生类采用如下的命名方式:Student。

(6) 变量的命名应遵循"开门见山,见名知义"的原则,让阅读代码的程序员可以通过名字知其含义,比如使用 total 来存放累加或累乘的结果,使用 average 来存放一组数据的平均值。应尽量避免使用的变量名与系统保留的关键词发生冲突。对于初学者来说,要多阅读代码,同时阅读优秀程序员编写的代码能够快速地提高能力和养成良好变量命名的习惯。

(7) 变量名的所有字符长度控制在一个合理的范围内,过长的变量名虽然能够描述变量的详细含义,但是过长的变量名会提高代码的阅读难度,另外过长的变量名在书写或交流时拼写错误的概率会变得很高,因此大多数程序员一般建议将变量名控制在 15 个英文字符以内。

2. 正确的变量命名

```
a
a_int
b_float
a1
_a_int
_a123
```

3. 错误的变量命名

```
1
1a
1_
```

2.4.4 赋值语句

在程序代码中为了便于数据的访问操作、简化数据的访问,引入了变量,通过变量来访问数据。例如:

```
name = "张华"
```

这样的语句称为赋值语句,在该语句中创建了一个名为"name"的变量,并给它赋值,指向字符串"张华"存储的地址,其指向的形式,相当于其他高级语言中的指针。

1. 常见的赋值语句

赋值语句的语法为

变量名 = 对象值

简单、常见的赋值语句有以下形式。例如:

```
>>> a = 10
>>> b = 11.2
>>> c = 'C'
>>> print (a,b,c)
```

结果：10 11.2 C

```
>>> type(a),type(b),type(c)          #查看变量a,b,c的数据类型
```

结果：(<class 'int'>, <class 'float'>, <class 'str'>)

在上面的代码中，给变量赋值等号右边的对象值，等号左边的变量就具备该对象的特性。给变量 a 赋值整数 10，变量 a 的类型显示为 int(整型)；给变量 b 赋值为浮点数 11.2，变量 b 的类型即为 float(浮点型)；给变量 c 赋值字符"C"，那么变量 c 的数据类型为 str(字符串)类型。

赋值语句可以理解为给数值取个名字的同时，明确变量具有该数值的类型。

在 Python 语言中，给已有的变量重新赋值为新的对象值，那么该变量重新具备新的对象具备的类型，这相当于改变了原来变量的数据类型。例如：

```
#变量类型的改变
>>> a = 10
>>> type(a)
```

结果：<class 'int'>

```
>>> a = 11.2
>>> type(a)
```

结果：<class 'float'>

```
>>> a = "hello Python!"
>>> type(a)
```

结果：<class 'str'>

```
>>> print (a)
```

结果：hello Python!

在上述代码中，给同一个变量名赋值新的对象值，那么变量名不但表示对象的值，而且也继承了对象值的属性或方法。

比如上面的变量 a 在最后的数据类型是字符串类型，它可以进行字符串的一系列操作。

2. 特殊的赋值语句

(1) 链式赋值。

在 Python 代码中常见形如：变量1＝变量2＝变量3＝对象的值的形式，这种特殊的赋值语句，称为链式赋值，其作用是将多个变量同时指向一个对象，在对这些变量进行引用时，均相当于引用最右边的对象的值。

```
>>> a1 = a2 = 10          #变量 a1 和 a2 赋值相同对象 10
>>> print (a1)
```

结果：10

```
>>> print(a2)
```

结果：10

```
>>> id(a1),id(a2)                    #查看变量a1和a2的id
(140719819331520, 140719819331520)
```

(2) 元组系列赋值。

```
>>>(a,b) = 3,5                       #给元组中的元素a和b分别赋值为3和5
>>> a
```

结果:3

```
>>> b
```

结果:5

```
>>> a,b = 5,6                        #给元组中的元素a和b分别赋值为5和6
>>> print(a,b)
```

结果:5 6

```
>>> ch1,ch2,ch3 = "abc"
>>> ch1
```

结果:'a'

```
>>> ch2
```

结果:'b'

```
>>> ch3
```

结果:'c'

元组是一种特殊的序列,由圆括号括起来,元组的元素用逗号进行分隔,在后续会有详细的介绍。元组赋值语句在编程中比较常见,也称为序列解包赋值。Python的解释器会将赋值运算符左右两侧的元组内容互相匹配,直至匹配结束。

(3) 列表序列赋值。

如果我们要同时将数据1,2,3作为列表元素赋值给列表对象a,将数据4,5,6作为列表元素赋值给列表对象b,可以使用下面的方法实现:

```
>>> a,b = [1,2,3],[4,5,6]            #使用元组解包的方法赋值给元组成员a和b
>>> a
```

结果:[1, 2, 3]

```
>>> b
```

结果:[4, 5, 6]

3. 赋值语句的特点

赋值语句是建立对象的引用值,而不是复制对象。在Python语言中变量更像是指针,而不是数据存储的地址。

变量名在首次赋值时会自动创建,直至关闭Python解释器或者使用del方法删除变量名。

变量名在引用前必须先赋值,与其他高级语言相比,在 Python 语言中变量的赋值(创建)不必放在代码的最前面,只需在使用变量的语句前进行定义,这也是 Python 语言灵活性的具体表现。如果读者在代码中对未赋值的变量进行引用,Python 会引发"NameError"异常,提示变量名没有定义。下面我们来观察一下引用未赋值的变量时会遇到的问题。

```
>>> print(a)
```

结果:

```
Traceback (most recent call last):
File "<stdin>", line 1, in <module>
NameError: name 'a' is not defined
```

上面的代码虽然没有明显的读法错误,但是 print()函数要访问的变量 a 由于没有定义,所以 Python 解释器提示错误信息:"a"变量名没有定义。

2.5 集　　合

2.5.1　集合常量

集合在某些方面跟字典很像,比如集合类型的数据内容具有无序性、唯一性、不可改变性等特点。字典支持数学意义上的交集和并集的运算,集合同样也支持数字意义上的集合运算。

Python 3.0 以后,使用了同字典符号一样的花括号"{}"来表示集合常量,同集合内置函数创建的集合对象是等效的。例如:

```
>>> set([1,2,3])            #使用集合内置函数 set()创建集合
```
结果:{1, 2, 3}

```
>>>{1,2,3}                  #使用集合常量形式创建集合
```
结果:{1, 2, 3}

2.5.2　集合运算

(1) 集合的交集、并集、差集运算。

集合通过运算符"&"、"|"和"-"来分别实现交集、并集和差集运算。例如:

```
>>> a = {1,2,3}
>>> b = {3}
>>> a|b                     #集合 a 和 b 的并集运算
```

结果:{1, 2, 3}

```
>>> a&b                     #集合 a 和 b 的交集运算
```

结果:{3}

```
>>> a - b                          #集合a与b的差集运算
```

结果：{1, 2}

(2) 集合的关系运算。

通过成员运算符 in 或 not in 可以判断一个对象是否属于集合的成员。例如：

```
>>> a = {1,2,3}
>>> 3 in a                         #3是否属于集合a
```

结果：True

```
>>> 5 in a                         #5是否属于集合a
```

结果：False

```
>>> 2 not in a                     #2不属于集合a
```

结果：False

```
>>> colors = {"red","blue","green"}
>>> "yellow" in colors             # "yellow"属于集合colors
```

结果：False

2.5.3 集合基本操作

1. 集合的创建

在数据处理实践中，根据集合的元素具有唯一性的特点，有时需要将非集合数据类型转换为集合实现去重的目的。

通过 set() 函数可以将已经创建好的列表、字符串、元组或者字典的内容来创建集合。如果上述数据类型中有重复的元素，那么在转换过程中重复的元素会进行删减，仅保留一个元素。

(1) 将字符串转换为集合。

```
>>> set('information')
```

结果：{'a', 'f', 'i', 'm', 'n', 'o', 'r', 't'}

(2) 将列表转换为集合。

```
>>> list1 = [2,1,3,5,0,1,3]
>>> set(list1)
```

结果：{0, 1, 2, 3, 5}

(3) 将元组转换为集合。

```
>>> tup1 = (1,2,3,3,2,1,0)
>>> tup1
```

结果：(1, 2, 3, 3, 2, 1, 0)

```
>>> set(tup1)
```

结果：{0, 1, 2, 3}

set()函数在转换过程中对原来元组中的数据自动进行了排序操作,输出的结果为具有唯一元组值的一组排序的集合元素。

（4）将字典转换为集合。

```
>>> hexchar = {"A": 10,"B": 11,"C": 12,"D": 13,"E": 14,"F": 15}
>>> set(hexchar)                    ＃将字典对象 hexchar 作为参数进行数据转换
```

结果：{'A', 'B', 'C', 'D', 'E', 'F'}

将字典对象作为参数传递给 set()函数时,字典的键将被转换成集合的元素。由于字典的键具有唯一性,转换成集合的元素与原来字典的键值数量保持一致。通过下面的代码可以进行一个简单的验证。

```
>>> asc_dict = {"a": 65,"b": 66,"c": 67,"d": 68}
>>> len(asc_dict.keys())
```

结果：4

```
>>> asc_dict.keys()
```

结果：dict_keys(['a', 'b', 'c', 'd'])

```
>>> asc_set = set(asc_dict)
>>> asc_set
```

结果：{'a', 'b', 'c', 'd'}

```
>>> len(asc_set)
```

结果：4

2. 集合的添加

给集合添加新的对象可以使用 add()方法,具体用法如下：

```
>>> a_set = {1,2,3}                 ＃将集合常量赋值给变量 a_set
>>> print(a_set)
```

结果：{1, 2, 3}

```
>>> a_set.add(4)                    ＃给 a_set 集合对象添加数值 4
>>> print(a_set)
```

结果：{1, 2, 3, 4}

在使用 add()方法里,只能添加单个的项目,如果试图添加列表、字典或集合等数据对象作为 add()的参数,Python 解释器会给出 TypeError: unhashable type: list 等错误信息。但对于元组参数是一个例外,读者可以利用这一特性添加相对复杂的复合数据到集合对象中。

```
>>> a = {1,2,3}
>>> a.add((5,6,7))
>>> a
```

结果：{1, 2, 3, (5, 6, 7)}

给集合对象 a 添加另一个集合对象 b，相当于做集合的并集运算，b 集合中与 a 集合相同的元素不会添加，仅添加不同的元素。例如：

```
>>> b = {1,2,3}              # 创建集合对象 b
>>> c = {2,3,4}              # 创建集合对象 c
>>> b.update(c)              # 计算集合 b 与集合 c 的并集
>>> print (b)
```

结果：{1, 2, 3, 4}

3. 集合对象元素的删除

集合元素的删除可以使用 pop()方法和 remove()方法。pop()方法将集合中最前面的元素删除，并返回删除的元素对象；remove()方法将指定的集合对象元素进行删除，如果试图删除集合中不存在的元素，将会引发异常。读者使用时应该合理选择删除元素的方式和方法。

使用 pop()方法删除集合元素。例如：

```
>>> a = {1,2,3}
>>> print("pop 删除的集合元素为：",a.pop())
```

结果：pop 删除的集合元素为：1

```
>>> print("pop 删除的集合元素为：",a.pop())
```

结果：pop 删除的集合元素为：2

```
>>> print("pop 删除的集合元素为：",a.pop())
```

结果：pop 删除的集合元素为：3

```
>>> a
```

结果：set()

使用 remove()方法删除指定的集合对象元素，例如：

```
>>> b
```

结果：{1, 2, 3, 4}

```
>>> b.remove(4)              # 删除集合对象 b 中的元素 4
>>> print(b)
```

结果：{1, 2, 3}

2.6 字 符 串

字符串是一种有序的字符的集合，在 Python 中将字符串划分为不可变序列，和元组等数据对象一样，具有不可修改的特性。

2.6.1 字符串常量

对于字符串常量,Python 提供了形式灵活多样的表示方式,下面介绍一些常见的表示方式。
(1) 单引号表示法。

>>>'Python'

结果:'Python'
(2) 双引号表示法。

>>>"少年强则国强"

结果:"少年强则国强"
(3) 单引号和双引号的混合表示法。

>>>"The People's Bank of China"
"The People's Bank of China"
>>> entry = "The People's Bank of China"
>>> f"词条:{entry} 的中文翻译是:中国人民银行"
"词条:The People's Bank of China 的中文翻译是:中国人民银行"

(4) 三引号表示法。

```
message = '''
    习近平总书记同各界优秀青年代表座谈时强调:
"广大青年一定要矢志艰苦奋斗.'宝剑锋从磨砺出,梅花香自苦寒来.'
人类的美好理想,都不可能唾手可得,都离不开筚路蓝缕、手胼足胝的艰苦奋斗.
    当前,我们既面临着重要的发展机遇,也面临着前所未有的困难和挑战.
梦在前方,路在脚下.自胜者强,自强者胜.实现我们的发展目标,需要广大青年锲而不舍、驰而不息的奋斗."
'''
print (message)
```

(5) 包含转义字符的表示法。

message="\n 宝剑锋从磨砺出,梅花香自苦寒来。\n 梦在前方,路在脚下。\n 自胜者强,自强者胜。\n 实现我们的发展目标,需要广大青年锲而不舍、驰而不息的奋斗。"

print (message)

2.6.2 字符串基本操作

1. 字符串的创建

字符串的创建比较简单,只需将要创建的字符串用双引号或单引号括起来即可。例如下面的代码:

```
#字符串的创建示例代码:
str1 = "少年强则国强,中国有我,我们一起加油!"
print(str1)
```

结果：少年强则国强,中国有我,我们一起加油!

2. 字符串的连接与重复

(1) 字符串的连接。

字符串的连接可以使用"＋"进行连接运算。例如：

\>>>"Python" + "程序设计"

结果：'Python 程序设计'

\>>> print("Python" + "程序设计")

结果：Python 程序设计

```
>>> str1 = "Python"
>>> print(str1 + " " + "programming")    ＃输出字符串变量与字符串的连接结果
```

结果：Python programming

例如：将一个字符串放在另一个字符串的后面实现连接。

\>>>"学习""Python"

结果：'学习 Python'

```
>>> a = "学习""Python"
>>> a
```

结果：'学习 Python'

(2) 字符串的重复。

"＊"不仅是进行乘法运算的符号,如果运算的对象是字符串,则表示进行字符串的重复复制操作,具体语法形式为

字符串或字符串变量 ＊ N

其中 N 是大于 0 的整型数值对象,表示重复的次数；如果 N 的值小于或等于 0,那么返回一个空的字符串。

例如：

```
>>> str1 = "人与自然是生命共同体" + " "    ＃将字符串的连接结果赋值给变量 str1
>>> print (str1 * 3)                      ＃输出字符串变量 str1 重复 3 次的结果
```

结果：人与自然是生命共同体 人与自然是生命共同体 人与自然是生命共同体

在调试代码时,也可以使用下面的代码生成分隔符,用于在不同输出内容之间进行显示分隔。例如：print('—' ＊ 40)将产生一个由 40 个"—"符号组成的分隔符。

3. 字符串内容的判断

(1) 字符串内容的比较。

使用"＝＝"可以判断两个字符串的内容是否相同,使用成员运算符 in 或 not in 可以判断字符串是否属于或否属于字符串的子集。

\>>>"青年" == '青年兴则国家兴,青年强则国家强'

结果：False

\>>>"青年" in '青年兴则国家兴,青年强则国家强'

结果：True

\>>>"青年强则国家强年" in '青年兴则国家兴,青年强则国家强'

结果：False

\>>>"青年强则国家强" in '青年兴则国家兴,青年强则国家强'

结果：True

（2）字符串中是否包含某个字符。

使用成员运算符"in"或"not in"可以返回字符对象是否包含或不包含指定的字符的逻辑结果，以 True 表示包含，False 表示不包含。在后面章节学习了控制结构内容后，可以据此进行判断并执行相应的处理操作。

\>>>'a' in "abc"

结果：True

\>>>'d' not in "abc"

结果：True

4．分离单个字符

如果要分享字符串中的特定单个字符，分享单个字符的语法形式为

字符串变量名[偏移量]

语法说明：偏移量是相对于字符串最左侧的值，对于一个字符串"abcd123"，偏移量映射关系如表 2.8 所示。

表 2.8　字符串的偏移量

字符串	'a'	'b'	'c'	'd'	'1'	'2'	'3'
偏移量（正向）	0	1	2	3	4	5	6
偏移量（逆向）	−7	−6	−5	−4	−3	−2	−1

为了充分理解字符串的偏移量，我们看下面的代码：

```
#分离单个字符
>>> str1 = "abcd123"
>>> #分离字符'a'
>>> str1[0]
```

结果：'a'

```
>>> #分离字符'c'
>>> str1[2]
```

结果：'c'

```
>>> #分离字符'2'
>>> str1[5]
```

结果：'2'

请思考一下,如果要分离字符'b'和'c',程序代码应该怎么实现？

5．字符串的切片

字符串的切片又称为分片操作,切片可以获得字符串的部分或全部以组成新的字符串,而不需要改变原来字符串的内容。字符串的切片和字符串索引的操作很像,不同的是字符串切片需要提供一个起始位置和一个结束位置。

字符串切片的语法为

字符串对象[起始位置：结束位置]

语法说明：如果起始位置空缺,则返回从字符串对象最左边开始到结束位置之间的所有字符。如果结束位置空缺,则返回从字符串对象起始位置开始到字符串结束之间的所有字符。

【例 2.34】 字符串的切片。

```
>>> words = "一山不同族,十里不同风,百里不同俗,多彩贵州欢迎您!"
>>> print (words[0: 5])            #从字符串开始位置至索引值5之间的字符
```

结果：一山不同族

```
>>> print (words[6: 11])           #从索引值为6位置开始至索引值(11-1)的所有字符
```

结果：十里不同风

```
>>> print (words[12: 17])
```

结果：百里不同俗

```
>>> print (words[ -8: ])           #从起始位置(索引值为-8)开始到字符串结束
```

结果：多彩贵州欢迎您!

如果要将整个字符串进行逆序输出,可以使用下面的代码,读者可以自己练习一下,以加深印象。

```
print(words[: : -1])
```

对于复杂的字符串,如果要快速获取指定字符的索引号,可以结合 index() 方法使用,比如想通过切片获取"多彩"字符信息,我们首先得知道"多"字的索引号,可以这样操作：

```
>>> words.index('多')              #返回(查询)字符'多'的索引号
```

结果：18

```
>>> words[18: 20]
```

结果：'多彩'

```
>>> words[words.index('多'): words.index('多') + 2]      #先计算切分的起始值和终止值
```

结果：'多彩'

使用上面的代码,有一个前提条件：字符需要具有唯一性,如果有重复的字符需要进行判断处理,读者可以自行拓展训练和实践。

6．字符串内容的修改

字符串属于不可变序列,因此使用下面的方法不能实现字符串内容的修改操作。

【例 2.35】 修改字符串"123abc"为"1234bc"。

```
>>> str1 = "123abc"
>>> str1[3] = '4'                    #试图修改字符串 str1 的内容,引发类型错误异常
```

可以使用的方法如下。
（1）替换方法。

```
>>> str1 = str1.replace("a","4")
>>> str1
```

结果：'1234bc'

（2）重新构造一个字符串。

```
>>> str1 = "1234bc"
>>> print(str1)
```

结果：1234bc

（3）分片的方法。

```
>>> str1 = "123abc"
>>> str1 = str1[0: str1.index('a')] + '4' + str1[-2: :]
>>> print(str1)
```

结果：1234bc

这三种方法的共同特点是通过对字符串变量的重新赋值来实现字符串内容的修改操作。在处理复杂数据时,使用替换方法相对简单,但对于有重复的字符串时需要判断处理;重新构造一个字符串的方法在数据量比较小时可以使用,但在录入代码时可能出现录入数据出错的情况;使用分片的方法可以精准定位要修改的字符串位置,这三种方法需要读者结合实际需求来灵活使用。

2.6.3　字符串方法

1．字符串数据的处理

（1）删除空格字符 strip()、lstrip()、rstrip()。

在数据处理实践中,有时候我们需要将字符串前面或者后面的空白字符删除,或者将字符串前后的空白字符删除。可以参考下面的案例代码：

```
>>> str1 = "节约粮食,是美德,是素质,更是责任."
>>> str1.strip()                    #strip()删除字符串前后的空格字符
```

结果：'节约粮食,是美德,是素质,更是责任.'

```
>>> str1.rstrip()                    # rstrip()删除字符串右边(后面)的空格字符
```

结果：' 节约粮食,是美德,是素质,更是责任.'

```
>>> str1.lstrip()                    # lstrip()删除字符串左边(前面)的空格字符
```

结果：'节约粮食,是美德,是素质,更是责任.'

(2) 字符大小写的转换 upper()、lower()。

```
>>> sayings = "Knowledge is power."
>>> sayings.upper()
```

结果：'KNOWLEDGE IS POWER.'

```
>>> sayings = "Rome was not built in a day. "
>>> sayings = sayings.upper()        # upper()  所有字母大写
>>> sayings
```

结果：'ROME WAS NOT BUILT IN A DAY. '

```
>>> saying.lower()                   # lower()  所有字母小写
```

结果：'rome was not built in a day. '

```
>>> print (saying.lower())
```

结果：rome was not built in a day.

(3) 排版格式 titile()。

```
# titile()   每个单词的首字母大写
>>> news_title = "Xi calls for strong public health system"
>>> news_title.title()
```

结果：'Xi Calls For Strong Public Health System'

```
>>> print (news_title.title())
```

结果：Xi Calls For Strong Public Health System

(4) 查找与替换 replace()。

```
>>> virte = "clear you plate"
>>> virte = virte.replace("clear you plate","光盘行动")
>>> print(virte)
```

结果：光盘行动 Virtue

(5) 数值类型转换成字符串。

数值类型数据是不能和字符串类型数据进行连接运算的,在某些场合如果需要将字符串内容和数值类型数据合并成一个新的字符串,可以使用 str()方法。

```
>>> ave = 85.5
>>> print ("平均分 = " + str(ave))
```

结果：平均分 = 85.5

2. 字符串的测试函数

字符串测试函数提供了功能丰富的测试，熟悉常用的字符串测试函数，可以提高编码效率，减少编程的劳动强度。常见的字符串测试函数如表 2.9 所示。

表 2.9 常见的字符串测试函数

字符串测试函数名称	功　能
startwith(prefix[,start[,end]])	是否以 prefix 开头
endwith(suffix[,start[,end]])	以 suffix 结尾
isalnum()	是否全是字母和数字，并至少有一个字符
isalpha()	是否全是字母，并至少有一个字符
isdigit()	是否全是数字，并至少有一个字符
isspace()	是否全是空白字符，并至少有一个字符
islower()	字母是否全是小写
isupper()	字母是否全是大写
istitle()	是否是首字母大写

下面的代码，以注释形式描述了部分字符串测试函数具体的使用方法。

```
>>> str1 = "ABC"
>>> str1.isalpha()                  # str1 字符串变量是否全是字母

结果：True

>>> str2 = ""
>>> str2.isalpha()                  # str1 字符串变量是否全是字母，并至少有一个字母

结果：False

>>> str3 = "abc"
>>> str3.islower()                  # str3 字符串变量中的字符是否全是小写字母

结果：True

>>> str4 = "abcD"
>>> str4.islower()                  # str4 字符串变量中的字符是否全是小写字母

结果：False
```

2.6.4　字符串格式化表达式

在 Python 3.6 版本中新增了字符串格式化表达式的使用方法，改善了 Python 爱好者在编写输出代码时的工作量，简化了书写形式。例如：

```
>>>奋斗目标 = "人民对美好生活的向往"        # 变量名：奋斗目标
>>> print(f"{奋斗目标}，就是我们的奋斗目标")  # 输出字符串格式化表达式
```

结果：人民对美好生活的向往，就是我们的奋斗目标

代码解析：①Python 3.x 全面支持中文，允许使用汉字字符作为变量名；②在字符串

的前面加上"f"和双引号(或单引号)括起来的字符串构成格式化字符串的一般形式,在此基础上将变量嵌入一对大花括号{}中,Python解释器在解释和执行这样的字符串格式表达式时,会自动将变量指向的数据(字符串、数值等内容)转化为字符串,并与双引号内的字符内容一起作为字符串输出。

【例2.36】 使用字符串格式化表达式对计算圆周率的代码进行修改。

```
PI = 3.14151926
r = 3.5
s = PI * r * r
info = "圆面积 s = "
print (f"圆半径 r = : {r}")              #字符串格式化设置输出半径的值
print (f"{info}: {s}")
print (f"{info}: {s: .2f}")              #字符串格式化设置输出圆面积数据值的精度
```

结果:

```
圆半径 r = : 3.5
圆面积 s = : 38.483610935
圆面积 s = : 38.48
```

2.6.5 bytes 字符串

在 Python 语言中,对 bytes 字符串和 str 字符串类型的数据进行严格的区分,在计算机世界里对现实世界中的一切字符均采用二进制形式进行存储,根据编码方式的不同大致可分为 ASCII 码,即由 8 位 1 个字节构成的编码,可以解决英文字符的编码需要。ASCII 码的局限是最多只能表示 2 的 8 次方(255)个字符。为了解决除了英文之外的其他字符在计算机内的表示,国际标准化组织制定了 unicode 的万国码,即英文字母用 2 个字节表示,汉字用 3 个字节表示,但由于 ASCII 码的兼容性差,使用效果并不是很理想,UTF-8 编码的出现解决了这个问题,即英文字母系列用 1 个字节表示,汉字用 3 个字节表示,它在兼容 ASCII 码的同时,还可以兼容以前的文档,因此成为现在主流的字符编码方式。

在编码的发展过程中,我国还创造了多种编码方式来解决问题,例如:GBK、GB2312(国标 2312)、BIG5(大五码)等,读者感兴趣的话可以通过互联网或图书馆检索这方面的相关资料。

Python 提供了内置方法 bytes() 按照指定的编码格式,将字符串转换成编码格式相应的字节数据,也可以将字节数据按照指定的编码格式转化成对应的字符形式。

【例2.37】 字符的编码转换。

```
sayings = "行胜于言"
#将字符"行胜于言",转换为 GBK 编码的字符字节
str2 = bytes(sayings, encoding = 'gbk')
print (str2)
print(type(str2))
```

结果:

b'\xd0\xd0\xca\xa4\xd3\xda\xd1\xd4'

```
<class 'bytes'>
str3 = str(str2)                          # 未指定编码格式
str3 = str(str2,encoding = 'gbk')         # 指定编码格式,相当于解码
print(str3)
```

结果:

行胜于言
```
str2 = bytes(sayings,encoding = 'utf8')
#将字符串 sayings 转换为 UTF-8 编码格式的 bytes 类型
print(str2)
```

结果:

```
b'\xe8\xa1\x8c\xe8\x83\x9c\xe4\xba\x8e\xe8\xa8\x80'
#对 bytes 类型的数据使用 GBK 编码格式进行解码(使用错误的编码格式解码)
print(str(str2,encoding = 'gbk'))
```

结果:

琛屽償浜庤█
#对 bytes 类型的数据使用 UTF-8 编码格式进行解码(使用正确的编码格式解码)
```
print(str(str2,encoding = 'utf8'))
```

结果:行胜于言

Python 还提供了 encode()和 decode()方法对字符对象按照指定的编码方式进行编码和解码操作。例如:

【例 2.38】 字符的编码与解码。

```
str1 = "行百里者半九十"
str2 = str1.encode(encoding = 'utf8')     # 编码
print(str2)
print(str2.decode(encoding = 'utf8'))     # 解码
```

结果:

b'\xe8\xa1\x8c\xe7\x99\xbe\xe9\x87\x8c\xe8\x80\x85\xe5\x8d\x8a\xe4\xb9\x9d\xe5\x8d\x81'
行百里者半九十

2.7 列　　表

作为 Python 常用的基础数据类型,列表是一种可变数据,将组成列表的对象(数值、字符等)称为元素,每个元素之间用逗号进行分隔,放在中括号内构成列表数据类型。例如:

```
namelst = []
namelst = ["赵","钱","孙","李"]
```

2.7.1 列表的主要特点及基本操作

1. 列表的主要特点

列表作为一种可变序列,具有可变序列的特性,可以进行增加、修改或删除列表元素的一系列操作。列表具有以下基本特点:

(1) 列表可以动态地增加或者修改;

(2) 列表中的元素可以由字符(str)、整型(int)、浮点型(float)、列表(list)、元组(tuple)、字典(dict)等数据类型构成,可以是单一的数据类型,也可以是混合的数据类型。

2. 列表的基本操作

(1) 列表的创建。

在 Python 语言中,中括号[]表示空的列表,使用下面的语句可以将空的列表赋值给变量名 alst,则变量名 alst 的数据类型为列表。例如:

```
>>> alst = [ ]                  #定义一个存放空列表的对象 alst
>>> print(alst)                 #查看 alst 列表的内容
```

结果:[]

```
>>> type(alst)                  #查看列表对象 alst 的数据类型
```

结果:<class 'list'>

```
#将元素 1,2,3,4,5 存放在列表中,赋值给变量名 blst.
>>> blst = [1,2,3,4,5]
>>> print(blst)
```

结果:[1, 2, 3, 4, 5]

```
#将元素'1','2','3'存放在列表中,赋值给变量名 blst.
>>> blst = ['1','2','3']
>>> print(blst)
```

结果:['1', '2', '3']

```
#创建一个记录学生信息的混合列表 student_lst.
>>> student_lst = ['20200011','张华',18,'男','信息工程系','贵州贵阳']
>>> print(student_lst)
```

结果:['20200011', '张华', 18, '男', '信息工程系', '贵州贵阳']

(2) 列表元素的访问。

列表元素的访问同字符串的切片操作一样,也是以整数的下标为访问具体的元素,通常下标 0 表示列表中的第一个元素,下标 −1 表示列表中的最后一个元素,对于一个空的列表,如果试图使用下标来访问,会返回 IndexError: list index out of range(列表索引号超出范围)索引错误信息。

【例 2.39】 生成一个由大写字母 A 至 F 构成的列表,并用切片的方法访问列表中的元素。

```
>>> ch_lst = [chr(x) for x in range(65,71)]
>>> ch_lst
```

结果：['A', 'B', 'C', 'D', 'E', 'F']

```
>>> print (ch_lst[0], ch_lst[-1])        #输出列表中的第一个元素和最后一个元素
```

结果：A F

```
>>> print (ch_lst[1: 3])        #输出列表中的第 2 个元素和第 3 个元素
```

结果：['B', 'C']

```
>>> print (ch_lst[: : -1])
```

结果：['F', 'E', 'D', 'C', 'B', 'A']

在本例中使用列表推导式来生成由大写字母 A、B、C、D、E、F 构成的列表，使用了 range() 迭代器生成 65、66…70 的数值序列，chr() 函数返回数值的 ASCII 字符。[chr(x) for x in range(65,71)]的作用是用 chr() 函数遍历数值序列 65、66、67、68、69、70，将返回的字符添加到列表中。

（3）列表的删除。

Python 语言中对于一个不再使用的对象，都可以使用 del 命令将对象删除，列表也不例外，例如下面的代码试图在删除列表对象后，再次访问列表对象。

```
>>> blst
```

结果：['1', '2', '3']

```
>>> del blst
>>> blst
```

结果：

```
Traceback (most recent call last):
    File "<stdin>", line 1, in <module>
NameError: name 'blst' is not defined
```

blst 是之前创建好的列表，使用 del 命令删除后，再次输入变量名 blst 时 Python 解释器返回错误提示信息，显示 NameError：name 'blst' is not defined（变量名：'blst'没有定义）。因此在代码编写过程中，如果有不再使用的对象，可以使用 del 命令进行删除，解除变量名和数据值的绑定操作，如果需要再次访问同一变量名，需要重新进行赋值，或者在删除变量名时三思而行。

2.7.2 常用列表方法

1. 列表的添加

列表作为一种可变序列，可以动态扩展。列表添加的方法是 append()，下面以例题进行说明。

【例 2.40】 创建一个空的列表对象 alst，使用 append() 方法添加数值 85。

```
>>> alst = []
```

```
>>> alst.append(85)
>>> print(alst)
```

结果：[85]

```
>>> alst.insert(0,70)              # 在 alst 列表元素 85 的前面添加数值 70
>>> alst
```

结果：[70, 85]

insert()方法用于在列表对象的指定位置插入元素，具体语法如下：

列表对象名.insert(索引号,待插入的元素值)

例如：在 alst 列表元素 85 的后面插入元素 90。

```
>>> alst
```

结果：[70, 85]

```
>>> alst.insert(-1,90)             # -1 表示列表中的最后一个元素位置
>>> alst
```

结果：[70, 90, 85]

在实际应用中我们常使用创建空列表的方法，在程序代码中根据解决问题的需求使用 append()方法动态添加符合条件的数据内容。使用 insert()方法添加列表元素的方法会改变之前列表所有元素的索引号，也会带来数据处理的效率问题，因而需要引起重视。

2. 列表元素的修改

使用切片的方法可以对指定索引号的列表元素进行修改。语法格式为

列表对象名[索引号] = '修改的数值'

【例 2.41】 将列表 alst 中的元素 85 的值修改为 86。

```
>>> alst = [70, 90, 85]            # 创建列表对象 alst
>>> alst                           # 显示列表 alst 的内容
```

结果：[70, 90, 85]

```
>>> alst[-1] = 86                  # 修改列表元素 85 的值为 86
>>> alst                           # 显示列表 alst 修改元素值后的内容
```

结果：[70, 90, 86]

```
>>> alst[1:2] = [75,95]            # 修改列表元素 90 的值为 75,并新增加一个元素 95
>>> alst
```

结果：[70, 75, 95, 86]

3. 列表元素的删除

在编程实践中，根据项目的需求可能要求根据列表元素的索引号进行删除操作，删除的列表元素能够被保存到对象中，也可能要求直接删除指定索引号的列表元素，而不需要对删除的列表元素再次使用。在 Python 语言中，列表对象提供了不同的解决方法。

(1) pop()方法。

【例 2.42】 删除列表对象 alst 中索引号为 2 的元素值，使用 pop()方法。

>>> alst

结果：[70, 75, 95, 86]

>>> alst.pop(2)   ♯使用 pop()方法删除指定索引号为 2 的列表元素

结果：95

>>> alst   ♯查看执行删除操作后的列表对象 alst

结果：[70, 75, 86]

【例 2.43】 删除列表对象 alst 中的最后一个元素值，使用 pop()方法。

>>> alst

结果：[70, 75, 86]

>>> alst.pop()   ♯使用 pop()方法删除列表对象中的最后一个元素值

结果：86

>>> alst

结果：[70, 75]

上述两个案例，使用了 pop()方法来实现删除列表元素，pop()方法如果在括号内指定要删除元素的索引号则删除指定索引号对应的列表元素，如果没有指定索引号，默认值是删除索引号为-1 的元素，即删除列表中的最后一个元素，直到列表为空。

>>> alst

结果：[70, 75]

>>> alst.pop()

结果：75

>>> alst

结果：[70]

>>> alst.pop()

结果：70

>>> alst

结果：[]

>>> alst.pop()
Traceback (most recent call last):
    File "<stdin>", line 1, in <module>
IndexError: pop from empty list

上述案例说明了 pop() 方法,每执行一次 pop() 方法,将列表中的最后一个元素弹出,pop 的英文释义有"出栈"之意。当列表为空时,继续执行 pop() 方法将导致索引错误(IndexError: pop from empty list)。

可以使用下面的语句将 pop() 方法删除的元素保存下来:a = alst.pop(),具体用法如下:

```
>>> alst = [1,2]
>>> alst
```

结果:[1, 2]

```
>>> a = alst.pop()              #将列表 alst 删除的元素保存在变量 a 中
>>> print (a)
```

结果:2

```
>>> print (alst)                #输出列表变量 alst 的内容
```

结果:[1]

(2) del 列表名[index]方法。

del 列表名[index]方法,指删除指定索引号的列表元素,删除的列表元素不能赋值给变量。

【例 2.44】 删除列表对象 name_lst 中的学生"张华"。

```
>>> name_lst = ['张华','李华','王华']
>>> name_lst
```

结果:['张华', '李华', '王华']

```
>>> del name_lst[0]             #删除"张华"的信息,"张华"在列表中的索引值为 0
>>> name_lst
```

结果:['李华', '王华']

```
>>> name_lst                    #删除列表对象 name_lst 中的学生"王华"
```

结果:['李华', '王华']

```
>>> del name_lst[-1]            #"王华"在列表中的索引值为-1
>>> print (name_lst)
```

结果:['李华']

【例 2.45】 在由 26 个大写字母字符组成的列表中删除字符'N'元素。

```
>>> ch_list = [chr(65 + x) for x in range(26)]
>>> ch_list
```

结果:

['A', 'B', 'C', 'D', 'E', 'F', 'G', 'H', 'I', 'J', 'K', 'L', 'M', 'N', 'O', 'P', 'Q', 'R', 'S', 'T', 'U', 'V', 'W', 'X', 'Y', 'Z']

```
>>> del  ch_list[ch_list.index('N')]
```

```
>>> ch_list
```

结果：

```
['A', 'B', 'C', 'D', 'E', 'F', 'G', 'H', 'I', 'J', 'K', 'L', 'M', 'O', 'P', 'Q', 'R', 'S', 'T', 'U', 'V',
'W', 'X', 'Y', 'Z']
```

列表推导式*[chr(65+x)for x in range(26)]生成一个由 26 个大写字母字符组成的列表，ch_list.index('N')方法用于返回列表元素'N'的索引值，根据列表元素'N'的索引值，进一步使用 del 方法删除列表对象中的指定元素。

4．列表元素的位置

前面的代码演示了如何从一组列表元素中查找指定列表元素的索引值，下面详细介绍使用的方法。index()方法语法形式为

对象名.index(列表元素,起始位置=0,结束位置=-1)

说明：起始位置默认为 0，结束位置默认为字符串的长度。

下面以代码的形式来进行详细说明。

```
>>> word_lst = list('在什么时间就要做什么事情,做什么事情都要脚踏实地')
>>> word_lst
```

结果：

```
['在', '什', '么', '时', '间', '就', '要', '做', '什', '么', '事', '情', ',', '做', '什', '么', '事',
'情', '都', '要', '脚', '踏', '实', '地']
```

```
>>> word_lst.index(',')            #查找列表元素","的索引值
```

结果：12

```
>>> word_lst.index('什',0,5)       #从索引起始值为 0 开始到索引值为 5 区间内进行查找
```

结果：1

```
>>> word_lst.index('什',5)         #从索引值为 5 开始到列表中的最后一个元素区间进行查找
```

结果：8

```
>>> word_lst.index('什')           #从列表中的第一个元素开始到最后一个元素区间进行查找
```

结果：1

```
>>> word_lst.index('什',8,-1)
```

结果：8

```
>>> word_lst.index('什',9,-1)
```

结果：14

5．列表元素的统计

对于前面的案例，如果要统计其中字符"要"出现的次数，可以使用 count()方法来实现，参考代码如下：

```
word_lst.count('要')          # 统计 word_lst 列表对象中字符"要"出现的次数
```

6. 列表的排序

(1) 列表元素的排序 sort()方法。

sort()方法默认采用升序进行排序，执行该方法后，将影响列表各元素的索引号。

```
>>> nlst = [10,7,11,21,166,99,-1,0]
>>> nlst.sort()              # 对列表对象进行升序排序
>>> nlst
```

结果：[-1, 0, 7, 10, 11, 21, 99, 166]

```
>>> nlst = [10,7,11,21,166,99,-1,0]
>>> nlst.sort(reverse = True)     # 对列表对象进行升序排序，使用参数 reverse = True
>>> nlst
```

结果：[166, 99, 21, 11, 10, 7, 0, -1]

(2) 列表元素的反转 reverse()方法。

```
>>> alist = [1,3,5,7]
>>> alist.reverse()          # 对列表中的元素进行反转
>>> alist
```

结果：[7, 5, 3, 1]

(3) 不改变列表数据位置进行的排序 sorted()。

如果我们需要按照一定的要求对列表对象进行排序，但不希望改变列表数据的原始位置（索引号），我们可以使用 sorted()方法来实现。

```
>>> nlst = [10,7,11,21,166,99,-1,0]
>>> sorted(nlst)             # 对列表 nlst 进行升序排列
```

结果：[-1, 0, 7, 10, 11, 21, 99, 166]

```
>>> sorted(nlst,reverse = True)   # 对列表 nlst 进行降序排列
```

结果：[166, 99, 21, 11, 10, 7, 0, -1]

```
# 对列表 nlst 进行升序排列，排序结果存入 alst
>>> alst = sorted(nlst)
>>> blst = sorted(nlst,reverse = True)
# 对列表 nlst 进行降序排列，排序结果存入 blst
>>> alst                     # 查看列表 alst 的内容，列表元素从小到大排列
```

结果：[-1, 0, 7, 10, 11, 21, 99, 166]

```
>>> blst                     # 查看列表 blst 的内容，列表元素从大到小排列
```

结果：[166, 99, 21, 11, 10, 7, 0, -1]

```
>>> nlst                     # 查看列表 nlst 的内容，各列表元素的位置未改变
```

结果：[10, 7, 11, 21, 166, 99, -1, 0]

2.8 元　　组

在 Python 语言中,元组使用一对圆括号来进行标识,()表示空的元组,用逗号作为元素之间的分隔符,一种很典型的用法是用元组对象来完成两个变量的数值交换,具体方法为

```
>>> a,b = 5,6                   #使用元组的方法来为变量 a 和 b 进行赋值
>>> print(a,b)
```

结果：5 6

```
>>> a,b = b,a                   #两个变量的数值交换
>>> print(a,b)
```

结果：6 5

2.8.1 元组的主要特点和基本操作

1. 元组的主要特点

元组和列表属于有序序列,具有一些相同的地方,也有明显的不同之处,具体表现为列表可以动态修改和调整,元组属于有序序列中的不可变序列,元组一经定义就不能修改元组的对象,如果要修改元组的内容,需要重新定义元组。

2. 元组的基本操作

元组的操作与列表类似,表 2.10 所示为元组与列表的基本操作对比。

表 2.10　元组与列表的基本操作对比

基本操作	列表(list)	元组(tuple)
创建	[]	()
元素增加	append()、insert()	不支持
元素删除	pop()、del 列表名[索引号]	不支持
对象的删除	del 列表对象名	del 元组对象名
元素的修改	列表对象名[索引号]=新的值	不支持

2.8.2 常用元组方法

1. 元组元素的访问

元组同列表一样,可以使用切片的方法来访问元组的元素。例如：

```
>>> week_tuple = (1,2,3,4,5,6,0)
>>> week_tuple[0]
```

结果：1

```
>>> week_tuple[0: 1]
```

结果：(1,)

```
>>> week_tuple[0: 2]
```

结果：(1, 2)

```
>>> week_tuple[3: -1]
```

结果：(4, 5, 6)

2．元组的连接

虽然元组基于不可变序列的特性，不能修改，但是可以灵活使用字符串连接的方法来将两个元组连接起来，并通过复合赋值的方法实现元组的修改，具体操作方法如下：

```
>>> tup1 = 1,2,3          # 定义一个存放数值 1、2、3 的元组
>>> tup1                  # 显示 tup1 的内容
```

结果：(1, 2, 3)
复合赋值运算将 元组 tup1 和元组 tup4，进行连接，将生成的新元组赋值给 tup1
```
>>> tup1 += 4,
>>> tup1                  # 查看 tup1 的内容
```
结果：(1, 2, 3, 4)

```
>>> alst = [1,2,3]
```
通过 tuple()将列表 alst 转换为元组对象并赋值给 tup2
```
>>> tup2 = tuple(alst)
>>> tup2                  # 查看 tup2 的内容
```
结果：(1, 2, 3)

```
>>> blst = ['3']
```
将 tup2 元组与转换为元组的列表对象 blst 进行连接运算，赋值给 tup2 对象
```
>>> tup2 += tuple(blst)
>>> tup2                  # 查看重新生成的 tup2 对象内容
```
结果：(1, 2, 3, '3')

2.9 字　　典

2.9.1 字典的主要特点和基本操作

1．字典的主要特点

字典类似于我们传统意义上的字典，要想知道某一个字或者词语的释义，我们可以找来一本《新华字典》，翻到这个字或词语的页面，就可以知道相应的解释。例如：常见的 ASCII 码表中，我们知道小写字符"a"对应的 ASCII 码序号是 97，"b"对应的 ASCII 码序号是 98，采用字典来表述这种映射关系，在 Python 语言可以表示为

```
{'a': 97, 'b': 98}
```

为了方便使用字典，通常将字典赋值给字典对象名。例如：

char = {'a': 97, 'b': 98}

字典由一对大花括号括起来；元素是由键和值构成的，并使用冒号作为键与值之间的分隔符；元素之间用逗号来进行分隔。因为字典采用键来作为索引值，所以每个字典对象中的键必须是唯一的，而键对应的值则对是否重复没有特别的要求。

2．字典的基本操作

(1) 字典的创建。

创建一个空的字典。例如：

```
>>> char_dict = {}              # 创建一个空的字典对象,字典对象名为 char_dict
>>> len(char_dict)              # 查看字典对象的元素个数
```

结果：0

```
>>> print(char_dict)            # 输出(查看)字典对象
```

结果：{}

创建字典对象 char_dict，并给字典元素赋值。例如：

```
>>> char_dict = {"a": 65,"b": 66,"c": 67}   # 创建字典对象 char_dict
>>> print (char_dict)                        # 输出字典对象 char_dict
{'a': 65, 'b': 66, 'c': 67}
>>> len(char_dict)                           # 返回字典对象的元素个数
```

结果：3

使用 dict() 创建字典对象。例如：

```
>>> student = dict(ksh = '20201010',xm = '张华')    # 创建字典对象 student
>>> type(student)                                    # 查看对象 student 的类型
```

结果：<class 'dict'>

```
>>> print (student)             # 输出字典对象
```

结果：{'ksh': '20201010', 'xm': '张华'}

(2) 字典元素的添加。

字典元素添加的语法是：

字典对象名[新增的键名] = 键名对应的值
给字典对象 char_dict 添加字符"d"的 ASCII 序号
```
>>> char_dict
```

结果：{'a': 65, 'b': 66, 'c': 67}

```
>>> char_dict['d'] = 68
>>> print (char_dict)
```

结果：{'a': 65, 'b': 66, 'c': 67, 'd': 68}

(3) 字典元素的修改。

字典元素的修改语法是：

字典对象名[键名称] = 键名称对应的值
#修改 student 字典中的考生号为 "20201011"
>>> student   #修改前：查看 student 字典对象的内容

结果：{'ksh': '20201010', 'xm': '张华'}

>>> student['ksh'] = '20201011'
>>> student   #修改后：查看 student 字典对象的内容

结果：{'ksh': '20201011', 'xm': '张华'}

>>> student['ksh'] = '20201011'

（4）字典的删除。

删除字典的操作和删除其他对象的操作方法是一致的，即使用 del 语句删除。如果试图访问被删除的字典对象会引发"NameError"类型的错误提示：变量（对象）没有定义。

2.9.2 字典常用方法

（1）字典的合并：update() 方法。

在数据处理实践中，为了给字典添加另外一个字典的键值信息，可以使用 update()方法，update 亦有"更新"的含义，在更新时对于重复的键，以覆盖的方式更新；对于没有的键值信息，则以添加的方式更新。例如：

【例 2.46】 添加另外一个字典的信息。

```
>>> py_word = {"len": "返回对象的个数(长度)值", "sum": "计算对象所有元素的和"}
>>> py_word
```

结果：{'len': '返回对象的个数(长度)值', 'sum': '计算对象所有元素的和'}

```
>>> new_word = {"del": "删除对象", "update": "更新", "add": "添加"}
>>> py_word.update(new_word)
>>> print(py_word)
```

结果：

{'len': '返回对象的个数(长度)值', 'sum': '计算对象所有元素的和', 'del': '删除对象', 'update': '更新', 'add': '添加'}

【例 2.47】 从另外一个字典中更新字典中的错误信息。

更新字典对象 novels 中的四大名著的信息，novels 中有些信息是错误的，更正信息存放在 novels2 字典中。

```
novels = {"红楼梦": "高鹗", "三国演义": "罗贯中", "水浒传": "施耐安"}
novels2 = {"红楼梦": "曹雪芹", "西游记": "吴承恩", "水浒传": "施耐庵"}
print("字典更新前的内容: ", novels)
novels.update(novels2)
print("字典更新后的内容: ", novels)
```

结果：

字典更新前的内容：{'红楼梦': '高鹗', '三国演义': '罗贯中', '水浒传': '施耐安'}

字典更新后的内容：{'红楼梦': '曹雪芹', '三国演义': '罗贯中', '水浒传': '施耐庵', '西游记': '吴承恩'}

(2) 返回字典所有键的信息：keys()方法。

Keys()方法是字典对象特有的方法，主要是返回字典对象可遍历的所有键信息，返回值为 dict_keys 类型，可用于迭代(遍历)操作。

```
>>> py_word.keys()                  # 返回案例 2.46 字典对象 py_word 的所有键信息
dict_keys(['len', 'sum', 'del', 'update', 'add'])
```

(3) 返回字典所有值的信息：values()方法。

Values()方法同 key()方法一样，也是返回字典对象可遍历的所有值的信息，返回值为 dict_values 类型，values()方法的返回值可以直接用于迭代(遍历)操作。

```
>>> py_word.values()
dict_values(['返回对象的个数(长度)值', '计算对象所有元素的和', '删除对象', '更新', '添加'])
>>> for v in list(py_word.values()):    # 遍历字典对象 py_word 的所有值
        print(v)                        # 输出迭代对象 v 的值
```

结果：

```
返回对象的个数(长度)值
计算对象所有元素的和
删除对象
更新
添加
```

(4) 返回字典的键值对信息：items()方法。

items()方法返回可遍历的(键，值) 元组数组(dict_items)，该方法主要配合 for 循环语句用于遍历字典的键值信息。

```
>>> py_word.items()         # 返回案例 2.46 中 py_word 字典对象的所有键值对信息
```

结果：

```
dict_items([('len', '返回对象的个数(长度)值'), ('sum', '计算对象所有元素的和'), ('del', '删除对象'), ('update', '更新'), ('add', '添加')])
>>> type(py_word.items())
<class 'dict_items'>
>>> for k,v in py_word.items():
        print(k ,v)
```

结果：

```
len 返回对象的个数(长度)值
sum 计算对象所有元素的和
del 删除对象
update 更新
add 添加
```

(5) 返回字典的副本：copy()方法。

在编程实践中，如果需要保留字典在更改(字典键值新增、修改)等操作前的内容，可以

使用 copy()方法,而不能使用简单的对象赋值方法。例如:

```
# 字典的修改前的备份
>>> hex_dict = {"A": 10,"B": 11,"C": 12}
>>> print ("字典修改前的内容: ",hex_dict)
```

结果:

```
字典修改前的内容: {'A': 10, 'B': 11, 'C': 12}
>>> back_dict = hex_dict              # 使用对象的赋值方法
>>> back_dict
```

结果:

```
{'A': 10, 'B': 11, 'C': 12}
>>> hex_dict["D"] = 13
>>> print (hex_dict,back_dict)        # hex_dict 字典新增加键值元素
```

结果:

```
{'A': 10, 'B': 11, 'C': 12, 'D': 13} {'A': 10, 'B': 11, 'C': 12, 'D': 13}
>>> back_dict2 = hex_dict.copy()      # 字典对象的浅复制
>>> print(back_dict2,hex_dict)
```

结果:

```
{'A': 10, 'B': 11, 'C': 12, 'D': 13} {'A': 10, 'B': 11, 'C': 12, 'D': 13}
>>> hex_dict['E'] = 14                # hex_dict 字典新增加键值元素
>>> print(back_dict2,hex_dict)
```

结果:{'A': 10, 'B': 11, 'C': 12, 'D': 13} {'A': 10, 'B': 11, 'C': 12, 'D': 13, 'E': 14}

使用对象的赋值方法:back_dict=hex_dict 后,当对字典 hex_dict 进行键值信息的修改时,back_dict 字典的内容随之而修改。而使用 copy()方法将 hex_dict 字典的内容复制到字典 back_dict2,相当于重新创建了一个字典对象。当再次对 hex_dict 字典新增加键值元素"E":14 后,copy()方法创建的新对象 back_dict2 内容保持不变,实现了预期的目的:保留字典更新前的内容。究其原因,是在使用赋值语句进行赋值操作时,Python 语言是将新的变量名指向原来变量指向的目标地址(存储地址),因此两个变量指向的是同一目标地址的数据内容。而使用 copy()方法则是在内存中开辟一个新的存储空间存放复制的数据。读者可以运行下面的代码进行验证,运行的结果根据读者所用的上机实验环境不同而不同。

```
>>> id(back_dict)
```

结果:62438064

```
>>> id(hex_dict)
```

结果:62438064

```
>>> id(back_dict2)
```

结果:62266944

2.9.3 字典视图

字典视图又称为字典视图对象,由字典的 items()、keys()、values()方法返回字典键值对视图对象,字典视图对象支持迭代操作。例如:

【例 2.48】 字典视图对象。

```
>>> student = {"姓名":"李华","性别":"男","年龄": 19,"专业":"大数据技术与应用"}
>>> student.items()
```

结果:

```
dict_items([('姓名', '李华'), ('性别', '男'), ('年龄', 19), ('专业', '大数据技术与应用')])
>>> student.keys()                    #返回字典 student 的所有键视图
```

结果:

```
dict_keys(['姓名', '性别', '年龄', '专业'])
>>> student.items()                   #返回字典 student 的所有值视图
```

结果:

```
dict_items([('姓名', '李华'), ('性别', '男'), ('年龄', 19), ('专业', '大数据技术与应用')])
```

【例 2.49】 遍历字典键值。

```
#遍历字典 student.items()生成的键值视图对象
>>> for k,v in student.items():
        print(f"{k}: {v}")            #以指定格式输出键、值信息
```

结果:

姓名: 李华
性别: 男
年龄: 19
专业: 大数据技术与应用

【例 2.50】 字典内容发生改变后,字典键视图对象发生改变。

```
>>> del student['年龄']               #删除字典的键值"年龄"信息
>>> student
```

结果:

```
{'姓名': '李华', '性别': '男', '专业': '大数据技术与应用'}
>>> student.keys()                    #返回字典 student 的所有键视图
```

结果:dict_keys(['姓名', '性别', '专业'])

2.10 编程实践

【例 2.51】 田径比赛报名。
编写列表应用程序,实现以下功能。

（1）给参加田径400米比赛的运动员报名，报名的运动员有张兵、李想、田壮、王恒，使用列表数据结构存储报名运动员的信息。

（2）列出参加田径400米比赛的运动员的名单，用三种方法打印信息。

（3）赵凯同学经慎重考虑后要参加田径400米比赛，给他报名，重新修改报名列表，按升序打印名单。

（4）杜威和刘洪同学也要报名参加田径400米比赛，将杜威放在参赛人员名单的最前面，将刘洪放在参赛人员名单的最后面。

（5）李想和王恒因比赛前感冒而不能参加比赛，将他们从参赛人员名单中删除。

比赛结束，删除所有参赛人员的名单。

参考代码如下：

```python
list1 = ['张兵','李想','田壮','王恒']
print('列出参加田径400米比赛的运动员的名单,用三种方法打印')
#方法一
print(f"以下同学报名参加田径400米比赛:{list1}")
#方法二
print('用for循环给每位报名参赛的同学打印一条消息,通知比赛的时间和地点')
for name in list1:
    print(f"请{name}在2019年10月23日上午10:00在学校体育场准时参加田径400米预赛")
#方法三
#用索引依次访问每一个元素,使用for循环语句实现
print('\n用索引依次访问每一个元素,使用for循环语句实现')
for i in range(len(list1)):
    print(f"请{list1[i]}同学在2019年10月23日上午10:00在学校体育场准时参加田径400米预赛")
print('=' * 80)
print('赵凯同学报名')
list1.append('赵凯')
print('排序前的报名名单：',list1)
list1.sort()
print('排序后的报名名单：',list1)
print('=' * 80)
print('杜威和刘洪同学也要报名参加田径400米比赛,将杜威放在参赛人员名单的最前面,将刘洪放在参赛人员名单的最后面.')
list1.insert(0,'杜威')
list1.append(-1,'刘洪')
print('新增杜威和刘洪同学的报名名单',list1)
print('=' * 80)
print('李想和王恒因比赛前感冒而不能参加比赛,将他们从参赛人员名单中删除.')
del_index = list1.index('李想')
del list1[del_index]
del_index = list1.index('王恒')
del list1[del_index]
print('删除李想和王恒后的比赛人员名单',list1)
print('=' * 80)
print('比赛结束,删除所有参赛人员的名单')
del list1
print('删除所有人员后的名单：',list1)
```

习 题

(1) 在 Python 解释器中输入下面的代码,观察并记录运行结果。

print("您好!")   #显示"您好!"

(2) 在 Python IDLE 中新建一个文件,在代码编辑窗口中输入例 2.1 的代码内容,熟悉缩进的使用方法。

(3) 在 Python IDLE 中新建一个文件,在代码编辑窗口中输入例 2.4 的代码内容,将代码保存后运行,观察运行的结果,如果没有出现运行结果,试着根据屏幕的提示信息处理问题直至出现运行结果。

(4) 在 Python 解释器中输入例 2.5 中的代码,观察代码的运行情况,了解语句续行的方法。

(5) 练习例 2.9 的代码,熟悉基本输入 input()方法的用法。

(6) 练习例 2.16 和例 2.17 的内容,熟悉输出格式美化的方法。

(7) 编写输出一首古诗,尝试调整输出的形式使之美观。

(8) 在 Python 解释器内,完成任意两个数的四则运算。

(9) 3＞5 的运行结果是_____;5＞3 的运行结果是_____;3＝＝3 的运行结果是_____。

(10) 3＞＝3 的运行结果是_____;5＜3 的运行结果是_____。

(11) 表达式 3 and −1 的值是_____;3 or −1 值是_____;not −1 的值是_____。

(12) int(12.34)的结果是_____。

(13) 写出将十进制数 255 输出为二进制、八进制、十六制的代码,并在 Python 解释器内运行。

(14) 9.3x 是合法的变量名吗?

(15) 变量命名的规则有哪些?

(16) 创建空集合的方法是什么?

(17) 把列表转换为集合,是否会自动去除重复的元素?

(18) 如果在代码中使用 remove()方法删除集合中不存在的元素,应如何设计代码使得 remove()方法不会引发异常?

(19) 对集合的基本操作进行练习。

(20) 在 Python 解释器将字符串"有梦想,有追求,"和"有奋斗,一切都有可能。"连接输出。

(21) "少年强则国强 "＊3 的运行结果是_____。

(22) len("少年强则国强 ")的结果是_____,"少年强则国强 ".strip()的结果是_____。"少年强则国强 ".strip().len()的结果是_____。

(23) 'a' in 'china' 的结果是_____。

(24) [ ] 表示一个_____的列表,a＝list('abc')的作用是_____。

(25) 已知列表 b=[2,3]，给列表 b 添加元素'2'的语句是_____返回列表 b 的长度的语句是_____，删除列表元素 3 的语句是_____。

(26) 绘制列表和元组的思维导图，比较列表和元组的异同点。

(27) 已知列表 a=[1,2,3]，将列表转换为元组变量 atuple 的语句是_____。

(28) 删除元组变量 atuple 的语句是_____。

(29) len((1,2,3))的结果是_____。

(30) _____表示空元组。元组是不可变序列，元组一经定义就_____改变元组元素的内容。

(31) _____表示空的字典。

(32) 创建一个字典，使用自己姓名的拼音作为字典对象名称，字典的元素为姓名的每一个字符及该字符对应的笔画构成的键值对。

(33) 字典和集合有什么区别？

(34) 成员运算符 in 适用于可迭代对象，可迭代对象有：字符串、列表、元组、字典键值、字典键视图、字典值视图，成员运算符通常和_____语句配合使用。

(35) 查看数据对象类型的内部函数是_____。

(36) 查看可迭代数据对象的元素个数是_____。

(37) 给列表对象进行排序操作的方法是_____，给可迭代数据对象排序的内部函数是_____，在排序时可以使用_____参数的逻辑值_____进行降序排序。

(38) 将两个字典的内容合并使用_____方法，使用_____方法可以返回字典对象的所有键信息，使用_____方法可以返回字典对象所有值信息，使用_____方法可以返回字典对象所有键值信息。

(39) 已知列表对象 a=[1,2,3,4]，给列表对象 a 增加数值 5 的方法是_____；给列表对象 a 增加字符串'5'的方法是_____；给列表对象 a 增加列表[6,7]的方法是_____；给列表对象 a 增加元组元素(8,9)的方法是_____。

(40) 编写程将字符串"123abcABc"，转化为列表、元组和集合数据对象。

(41) 如何给一个元组对象增加新的元组元素？

(42) 已知列表 m=[1,2,3,4]，del m[1:3]语句执行后列表 m 的内容是_____。

(43) 写出描述学生的学号、姓名、性别、入学时间、所在院系、专业、学制、毕业中学、生源地信息的字典信息，如果要给多个学生添加记录，使用字典对象怎么处理？

第 3 章

流 程 控 制

Python 语言中如何表示逻辑条件,根据逻辑条件选择做什么或者不做什么?用什么样的语句来实现选择结构?在逻辑条件下通过重复执行语句或语句块,直到逻辑条件不再满足。又需要学习哪些语句才能帮助我们解决在工作或生活中遇到的复杂问题。这些问题是本章我们要重点解决和学习的问题。

本章主要内容：

- if 语句和分支结构,让判断更加智能；
- for 和 while 循环结构,实现更多重复操作、更好的解决方法；
- 迭代和列表解析,实现更优雅地简化代码。

3.1 if 语 句

3.1.1 问题的提出

"凡事预则立,不预则废。"每天我们先做什么,后做什么,都可以计划好、安排好。但生活中也会发生一些无法预料的小概率事件,经常打乱我们学习或工作的节奏,我们需要在这些繁多的事务中优先选择需要处理的紧急而重要的事务,而把一般的事务放在后面处理,这就需要我们做出正确的选择。对于人类而言,可以经过后天的学习和实践做出正确的判断与选择；对于计算机的世界,怎么让计算机像人类一样,具备一定的判断能力和处理能力呢?接下来,我们将学习如何使用 if 语句来让计算机像人类一样做出简单或复杂的思考和判断。

if 语句,又称为条件语句,属于程序控制结构中的选择结构(又称为条件结构)。if 语句根据条件表达式的逻辑结果做出选择,决定执行什么语句。

3.1.2 if 语句基本结构

1. 简单分支语句

简单分支语句又叫单分支选择结构，适用于处理相对简单的事务，比如解决条件满足（达到）的情况下做什么的问题，例如：用户输入了错误的密码，用户界面会给出错误的提示信息；学生成绩未达到及格线，会提示学生该门课程不及格。

简单分支语句的语法形式如下：

```
if 条件表达式：
    语句块
```

简单分支语句由关键词 if 开头，后面是条件表达式，条件表达式后面是一个英文字符冒号"："，初学者在书写或编辑代码时，容易遗漏这个重要的符号。

语句块是满足条件或达到条件时要执行的代码。可以是简单的一条语句，也可以是复杂的语句，比如可以嵌套其他控制结构的语句用来实现更为复杂问题的处理。

为了明确语句块是条件表达式成立或满足时才能够执行的代码，语句块必须遵循 Python 语法规则进行缩进处理，一般是 4 个空格字符的宽度（详见第 2 章 2.1.1 小节用缩进表示代码块）。

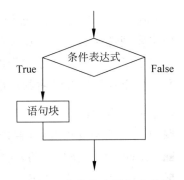

图 3.1 简单分支语句流程图

在代码运行到简单分支语句时，Python 解释器会根据条件表达式的运算结果进行判断：如果条件表达式的值为 True（真/成立），那么执行语句块。如果条件表达式的值为 False（假/不成立），那么语句块不会被执行，如图 3.1 所示。

条件表达式可以是简单的关系表达式，也可以是复杂的关系表达式，还可以是一个具体的逻辑值（True 或 False）。

```
if True:
    print ("根据条件表达式的值,你会看到我")
```

上面的代码在实践中是没有意义的，因为条件永远为真（True），输出语句都要被执行。但像用变量构成的关系表达式，比如"a>0"就有很大的不确定性，需要根据变量 a 的值与 0 进行关系运算得出的逻辑值来进行判断，这个交给计算机去判断和执行，它会做得更好、更有效率。这也是为什么说学习编写程序代码能够开发大脑的潜能，提高逻辑思维能力和解题能力的原因之一。请读者结合本章的案例，多练习、多上机操作实践；多思考，开发大脑的潜能，编写出解决问题的 Python 代码，从而提高解决问题的能力。

简单分支语句又称为单分支语句，是一种"如果……那么"的简单分支结构，例如：判断学生成绩是否及格，学生成绩在 60 分以上的给出"及格"的信息。

```
score = 60
if score >= 60:
    print("及格")
```

结果:及格

2. 双分支语句

双分支语句根据条件表达式的值提供了解决问题的两种思路,即条件表达式成立时做什么,不成立时做什么,如图 3.2 所示。

双分支语句的语法形式如下:

```
if   条件表达式:
    语句块 1
else:
    语句块 2
```

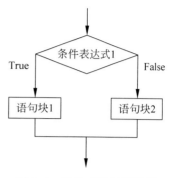

图 3.2　双分支语句流程图

下面我们使用双分支语句来判断学生成绩是否及格,大于等于 60 分的给出"及格"的信息,小于 60 分的给出"不及格"的信息。

```
score = 56
if score > = 60:
    print("及格")
else:
    print("不及格")
```

结果:不及格

3. 多个条件判断语句

多个条件判断语句的语法形式如下:

```
if   条件表达式 1:
    语句块 1
elif   条件表达式 2:
    语句块 2
else:
    语句块 3
```

在多个条件判断语句中,当条件表达式 1 成立时,执行语句块 1 的代码,否则继续判断条件表达式 2,如果条件表达式 2 成立则执行语句块 2;当条件表达式 1 和条件表达式 2 都不成立时,执行语句块 3 的内容。使用 if 语句需要注意的是:每个条件表达式后面要使用冒号":",满足条件要执行的语句块以缩进的形式呈现。根据解决问题的需要,elif 和 else 可以灵活进行组合使用,也可以省略掉这两个部分的内容,构成最简化的单分支语句。

在 Python 语言中,elif 是 elseif 的缩略用法,表示否则如果的意思,也就是继续判断条件表达式 2 是否满足条件。"else:"后面的语句块 3 表示:当条件表达式 1 和条件表达式 2 都不成立时,执行语句块 3 的语句,如图 3.3 所示。

多个条件判断语句可以解决生活中遇到的复杂问题,例如:根据学生成绩给出简单的评价,70 分以上为"良",大于等于 60 分并且在 70 分以下为"及格"。

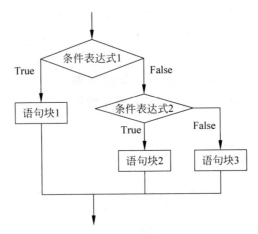

图 3.3　多个条件判断语句的流程图

```
score = float(input("输入学生的成绩："))
if   score >= 70:
    print ("良")
elif  score >= 60:
    print ("及格")
else:
    print ("不及格")
```

请读者在运行程序时输入三组以上的测试数据：分数在 60 分以下、60～70 分、70 分以上。

4. 使用多个 elif 完善学生成绩评价程序

在实际工作中，我们遇到的问题更复杂，处理业务时需要分析和判断的逻辑条件更多。以学生成绩评价为例，不仅要判断学生成绩是否及格，还需要更多的评价机制才能客观地反映学生成绩的现状。我们需要对学生的成绩的评价程序进行完善和修改，使之更符合实际需要。

【**例 3.1**】　使用多个 elif 来完善对学生成绩的评价。

```
#接收键盘上输入的数据，并将输入的内容转换为浮点型对象
score = float(input('请输入学生成绩：'))
if   score >= 90   and score <= 100:
     print ('优秀')
elif score < 90   and score >= 80:
     print ('良好')
elif score < 80   and score >= 70:
     print ('中等')
elif score < 70   and score >= 60:
     print ('及格')
else:
     print ('不及格')
```

例题分析：在本例中，使用了多个 elif 语句进行条件判断，对于成绩的判断采取了从高分到低分进行分数区间的判断。这样做能够避免因为判断条件的不合理设计而得出错误结果的情况发生。

3.1.3 真值测试

在 if 或者 while 语句中,条件表达式的值可能为 True 或者 False。在编写流程控制的代码时,编程者应熟悉各种条件表达式的真值。

在 Python 语言中,对于非零的数字或非空的对象,真值为真,返回值为 True。

对于数值 0、0.0、0j、空的对象(包括空字符、[]、()、{}、None、False、set()、range(0))其真值为假,返回值为 False。

Bool()函数可以返回对象的布尔值:True(真)或 False(假)。例如:

```
>>> bool([]),bool(()),bool({})        ＃返回空的列表、元组和空字典的布尔值
```

结果:

```
(False, False, False)
>>> bool("")                          ＃返回空字符串的布尔值
```

结果:

```
False
>>> bool(0)                           ＃返回数值 0 的布尔值
```

结果:False

关于真值测试,表 3.1 和表 3.2 给出了常见的关系运算符和布尔运算符的真值测试示例,可供读者在学习和使用过程中参考。

表 3.1 关系运算符的真值测试

运 算 符	返回值	示	例

==(等于)	True 或 False	>>> x = 3
		>>> y = 2
		>>> x == y
		False
			>>> ch1 = "A"
			>>> ch2 = "A"
			>>> ch1 == ch2
			True

>(大于)	True 或 False	>>> 3 > 2 True	>>> 2 > 5 False

<(小于)	True 或 False	>>> 5 < 10
		True
		>>> 5 < 3
		False
			>>> 'a'<'b'
			True
			>>> 'c'<'a'
			False

>=(大等于)	True 或 False	>>> 3 >= 0 True	>>> 3 >= 6 False

<=(小等于)	True 或 False	>>> 5 <= 6
		True
		>>> 5 <= 5
		True
			>>> 5 <= 3
			False

!=(不等于)	True 或 False	>>> 3!= 2 True	>>> 2!= 2 False

表 3.2　布尔运算符的真值测试

运算符	描述	示例	

and（"与"）	x and y　如果 x 和 y 都为真，就是真	>>> x = True
		>>> y = True
		>>> x and y
		True
			>>> x = 3 > 2
			>>> y = 3 > 5
			>>> x and y
			False

or（"或"）	x or y　如果 x 或 y 为真，就是真	>>> x = True
		>>> y = False
		>>> x or y
		True
			>>> x = False
			>>> y = True
			>>> x or y
			True

not（"非"）	not x　如果 x 为假，那就是真
	not x　如果 x 为真，那就是假
		>>> x = False
		>>> not x
		True
			>>> x = True
			>>> not x
			False

3.1.4　if else 三元表达式

Python 语言有自己特殊的三元表达式，在编程实践中可以采用 if else 来简化代码的书写，if else 三元表达式的语法为

条件为真时的结果　if 判断的条件　else 条件为假时的结果

语法说明：如果判断的条件逻辑值为真，输出 if 前面的内容，即"条件为真时的结果"。如果判断的条件逻辑值为假，输出 else 后面的内容，即"条件为假时的结果"。下面以具体案例进行说明。

【例 3.2】已知两个数分别存放在变量 x 和 y 中，将两个数中的最大数存放在变量 z 中。

```
x,y = 3,5                        # 使用元组的方法给变量 x 和 y 分别赋值为 3 和 5
if x > y:
    z = x
else:
    z = y
print(f"{x}和{y}之间的最大数是{z}")
```

结果：3 和 5 之间的最大数是 5

【例 3.3】使用三元表达式对例 3.2 的代码进行优化。

```
# 已知两个数分别存放在变量 x 和 y 中，将两个数中的最大数存放在变量 z 中
x = 3
y = 5
z = x if (x > y) else y          # if else 三元表达式
print (z)                        # 输出最大数的值
```

结果：5

【例 3.4】 判断一个数是否为偶数。

```
x = 3
print(f"{x}是偶数" if (x%2==0) else f"{x}不是偶数")
```

结果：3 不是偶数

小结：使用 if else 可以替代三元表达式，实现三元表达式的功能，能够简化代码的书写，在相对简单的条件判断中，可以让代码显得更简洁、更优雅，这也是 Python 语言编程的魅力。

3.2　for 语　句

for 循环语句又称为 for 循环结构，在 Python 语言中，是通过遍历的形式访问任何有序的序列对象内的元素，来实现重复执行指定次数的操作。比如遍历字符串、列表或元组、字典的键值等数据对象。对于循环次数固定的重复操作我们可以使用 for 语句来实现。for 语句更多地用于一些根据对象元素长度或需要遍历访问所有可迭代对象的场合。

3.2.1　for 循环基本格式

for 循环的基本语法为

```
for <赋值目标/目标> in <可迭代对象>:
    <语句块>
```

语法说明：for 循环语句的首行定义了赋值的目标和遍历（访问）的可迭代对象，冒号后面以缩进形式表示要重复执行的语句块。可迭代对象包括迭代器、字符串、列表、元组、字典、集合等。for 循环的流程图如图 3.4 所示。

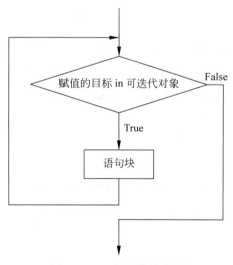

图 3.4　for 循环的流程图

在 Python 语言中,for 循环又称为迭代循环,当运行到 for 循环时,Python 解释器会逐个将可迭代对象中的元素赋值给目标,然后为每个元素执行循环语句块。循环语句块则使用赋值目标来引用可迭代对象中当前的元素,直到遍历完可迭代对象的所有元素。下面的案例给出了具体的使用方法。

【例 3.5】 for 循环输出指定字符串信息 3 次。

```
for i in range(3):
    print ("勤洗手、常通风、戴口罩")            #重复执行的语句
```

结果:

勤洗手、常通风、戴口罩
勤洗手、常通风、戴口罩
勤洗手、常通风、戴口罩

例题分析:range(3) 迭代器生成的可迭代的序列,由 0,1,2 组成,一共有三个元素,for 语句定义了赋值的目标变量 i,Python 解释器自动在每次循环前将可迭代序列的元素依次传递给赋值的目标变量,并进行成员运算,根据成员运算的结果决定是否执行循环语句块。例 3.5 中,在循环语句中虽然没有直接使用 i 的值,但在遍历可迭代序列 0,1,2 期间一共输出了三次字符串信息。

【例 3.6】 for 循环遍历字符串。

```
str1 = '123'
for ch in str1:
    print(ch)
```

结果:

1
2
3

例题分析:ch 作为赋值目标承担了遍历字符串"123"的重任,本例可以理解为 ch 的值依次为字符串的 s[i]值。i 的取值范围为(0,1,2),具体分析如表 3.3 所示。

表 3.3　例 3.6 for 循环遍历字符串情况分析

循环次数	赋值目标 ch 的值	循环语句块 print(ch)
1	'1'	输出:'1'
2	'2'	输出:'2'
3	'3'	输出:'3'

【例 3.7】 for 循环遍历列表对象。

```
list1 = ['1','2','3']
for n in list1:
    print(n)
```

结果:

1
2
3

【例 3.8】 for 循环遍历列表的另外一种方法。

```
for i in range(len(list1)):
    print (list1[i])
```

结果：

1
2
3

例题分析：通过遍历 range() 函数生成的序列可以通过访问列表的索引号输出列表的各个元素。在案例中，使用 len() 函数对列表 list1 元素总个数进行统计，统计的结果作为 range() 函数的参数，生成序列 0,1,2，这组序列值刚好对应列表的索引号，因此可以用访问列表索引号的方式输出列表的各个元素。这种方法和用成员运算符进行判断的思路异曲同工，但具有更大的灵活性，比如按索引号输出特定要求的列表元素。

【例 3.9】 逆序输出列表中的元素。

```
list1 = ['1','2','3']
for i in range(len(list1) - 1, - 1, - 1):
   print(list1[i])
```

结果：

3
2
1

3.2.2 多个变量迭代

在编程实践中，为了使编写的代码更简洁、高效，并提高内存的使用效率、降低内存的占用，Python 语言提供了多个变量进行遍历（迭代）的方法。读者可以先熟悉具体用法，然后在后续的编程实践中学习使用。

【例 3.10】 对字典的键、值进行迭代，输出字典的键值信息。

```
word_dict = {"if": "条件","for": "迭代循环","while": "条件循环"}
for  word,explain   in  word_dict.items():
    print (word,"表示 ",explain)
```

结果：

```
if 表示   条件
for 表示   迭代循环
while 表示   条件循环
```

例题分析：字典对象的 items() 方法返回的是字典的键值组合数据对象，又称为字典视图对象,是可迭代的数据类型。通过使用多个变量迭代的方式,本例中以变量名 word 和 explain 作为迭代变量来遍历该对象,实现对 word_dict 字典对象的字典键、值信息的输出。

【例 3.11】 输出逻辑按位"与"运算的真值表。

```
p = [0,0,1,1]
q = [0,1,1,0]
for m,n in zip(p,q):
    print (f"{m}& {m}  = {m & n}")
```

结果:

```
0 & 0 = 0
0 & 0 = 0
1 & 1 = 1
1 & 1 = 0
```

例题分析:本例中使用 zip() 函数将可迭代对象 p 和 q 作为参数,在 Python 3 中为了减少内存,zip() 返回一个可迭代的对象(由元组构成列表的特殊对象),无法直接查看,但可进行迭代操作。可以使用下面的代码将 zip() 返回的对象转换成列表数据进行查看。

```
>>> print(zip(p,q))              # 直接输出 zip()函数返回的对象,显示对象的地址信息
< zip object at 0x000002216BE67A00 >
>>> list(zip(p,q))               # 转换成列表对象,可查看数据内容
[(0, 0), (0, 1), (1, 1), (1, 0)]
```

读者可以根据例 3.11,修改代码实现输出逻辑"或"运算的真值表,以检验学习成效。

3.2.3　break 和 continue 语句

为了实现 for 循环过程中的灵活性、智能性,Python 语言吸收了其他高级语言的特点,引入了 break 和 continue 语句,结合 if 语句进行使用,用于中断循环或者跳过循环语句块,继续执行循环。

for 语句的完整语法格式如下:

```
for  <赋值目标/目标>  in  <对象>:
    <语句块 1>
    If  <条件>: break
    if  <条件>:   continue
else:
    <语句块 2>
```

【例 3.12】 使用 for 语句和 continue 语句实现列表元素的去重功能。

```
alst = [1,2,1,2,3,4,5,1]
blst = []
for n in alst:
    if  n in blst:                    # 元素 n 在列表 blst 里面
        continue                      # 跳过循环语句块,继续执行循环
    blst.append(n)
print (blst)
```

使用 Python 语言的集合数据类型也可以实现列表元素的快速去重,读者可以结合集合的学习进行练习。

【例 3.13】 for 和 break 的应用。

```
for n in range(1,5):
    if n <= 3:
        print (f'第{n}次循环')
    else:
        break
```

结果:

第 1 次循环
第 2 次循环
第 3 次循环

例题分析:在例题代码中,for 循环语句由 if 条件语句组成,如果 n 的值小于或等于 3,则输出第 n 次循环的信息,直到 n 的值大于 3,退出循环。

3.2.4 嵌套使用 for 循环

在实际应用中为了解决特定问题,需要在 for 循环内嵌套 for 循环。比如解决输出有规则的字符构成的图形,求解百钱买百鸡、水仙花数、打印九九乘法表等问题。

【例 3.14】 打印由字符"A"构成的直角三角形。

```
for i in range(6):                          #外循环
    for j in range(i + 1):                  #内循环
        print("A",end = "")
    print("\n")                             #输出换行符号
```

【例 3.15】 百钱买百鸡问题。

百钱买百鸡是一个数学问题,出自中国古代算术:《张邱建算经》。书中描述:公鸡 5 文钱一只,母鸡 3 文钱一只,小鸡三只一共 1 文钱,问需要购买公鸡、母鸡和小鸡共一百只,总共花费一百文钱,问有多少种解法。这是一个三元不定方程组,开创了"一问多答"的先例。

下面使用 Python for 循环的嵌套方法来进行求解。

参考代码如下:

```
number_count = 0                            #计数器置 0
for x in range(1,20):                       #公鸡的数量 x,最多可以购置的数量在 20 以内
    for y in range(1,33):                   #母鸡的数量 y,最多可以购置的数量在 33 以内
        z = 100 - x - y                     #小鸡的数量 z
        if (5 * x + y * 3 + z/3) == 100 and (x + y + z) == 100:
            print(f"公鸡:{x},母鸡:{y}, 小鸡{z}")
            number_count += 1
        else:
            continue
print("有",number_count,"种解法!")
```

结果:

公鸡：4，母鸡：18，小鸡：78
公鸡：8，母鸡：11，小鸡：81
公鸡：12，母鸡：4，小鸡：84
有 3 种解法！

小结：for 循环嵌套的关键是对外循环和内循环需要循环的次数要有明晰的认识和判断，外循环执行一次，整个内循环都要执行，直到内循环中的所有循环语句块执行完指定的循环次数，才继续执行外循环的语句（如果有），直到所有的外循环次数执行完。

3.3 while 循环结构

3.3.1 while 循环基本结构

while 循环作为 for 循环语句的重要补充，能够实现不确定次数的循环语句块的重复操作，while 语句结合 break 语句可以根据条件判断是选择提前退出循环，还是继续执行循环，break 语句提供了中止循环的操作。

while 循环的基本语法为

```
while 条件表达式:
    循环体
```

while 循环语句遵循 Python 缩进格式的规范要求，while 与条件表式之间应至少有一个空格字符进行分隔，条件表达式后面的冒号不能省略。初学者在输入代码时容易漏掉冒号，循环体应缩进四个字符的宽度。

while 循环结构的执行过程如图 3.5 所示，代码运行到 while 循环结构语句时首先计算条件表达式的值，如果计算的值为 True（真/成立），则执行循环体一次，继续判断条件表达式的值是否为 True，为 True（真/成立）则执行循环体，为 False（假/不成立）则停止执行循环体。

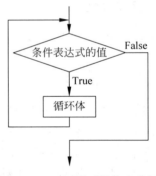

图 3.5 while 循环结构流程图

【例 3.16】 使用 while 循环结构计算 10 以内的所有偶数之和。

```
n = 1                              # 设置循环控制变量初值
total = 0
while n <= 10:                     # 循环结束条件为 n 大于 10
    if n % 2 == 0:                 # 判断循环控制变量是否为偶数
        total += n
    n += 1                         # 修改循环控制变量的值
print ("2 + 4 + ... + 10 = ", total)
```

结果：2 + 4 + … + 10 = 30

例 3.16 中循环语句块主要由条件判断语句和复合赋值语句组成。按照 Python 缩进的风格,所有的循环语句块均缩进了四个字符的宽度。复合赋值语句 total+=n 与 total=total+n 等效。

【例 3.17】 创建一个存放 10 以内所有偶数组成的列表,不包含偶数 0,对这个列表的所有元素进行求和运算。

```
a = [x  for x in range(1,11) if x % 2 == 0]
print (a)                                    #输出列表 a 的所有元素
s = 0
n = 0                                        #设置列表索引号初始值
while n in range(len(a)):
    s += a[n]                                #对列表中的元素累加求和
    n += 1                                   #设置列表的索引值
print (s)
```

结果:

```
[2, 4, 6, 8, 10]
30
```

例题分析:本例中使用列表解析的方法创建列表 a 用于存放 10 以内所有的偶数,循环语句块由两条语句组成,s+=a[n] 相当于 s=s+a[n],用于对列表中的元素累加求和,循环语句块中 n+=1 的语句,随着循环体语句的执行,不断修改 n 的值,呈递增的趋势,直到 n 的值不属于 range() 函数(详见 3.4 节 range() 函数)生成的迭代序列为止,此时将退出循环语句。接着调用函数 print() 输出计算的结果 s 的值。

【例 3.18】 寻找 1000 以内的三位数组成的水仙花数。

```
n = 100
while n <= 999:
    if int(str(n)[0]) ** 3 + int(str(n)[1]) ** 3 + int(str(n)[2]) ** 3 == n:
        print(n)
    n += 1
```

结果:

```
153
370
371
407
```

例题分析:在本例中使用了 str() 函数将数值转换为字符串,然后通过字符串切片的方法分离出三位数的个位、十位和百位的字符,然后使用取整函数 int() 转换为整型值。如 int(str(321)[0]) 表示,取出 321 中的百分位数值"3"。

读者也可以使用整除、求余运算的方法分离一个三位数的个位、十位、百位的方法来编写代码进行问题的求解。

while 循环结构也常用于实现简易的菜单控制,while 循环与 break 语句的搭配使用,可以完美构造一个既可以根据用户选择实现具体功能处理,也可以按照用户的选择实现退出循环的交互机制。

【例3.19】 构建一个简易的字符界面菜单程序,提供一些简单的功能调用。

```
while True:
    print (" = " * 40)
    print ("1. 创建空列表")
    print ("2. 添加列表元素")
    print ("3. 显示列表元素")
    print ("4. 删除列表元素")
    print ("0. 退出")
    print (" = " * 40)
    inkey = input("0 - 4: ")
    #...在此处添加各功能菜单对应的处理代码
    if inkey == "0":                      #退出功能
        print ("谢谢使用!")
        break
```

例题分析:在代码中,循环体内如果没有if语句的判断处理,没有if语句中语句块中的break语句,创建的菜单程序界面将持续显示,并且无法退出,成为死循环。初学者在使用中应避免出现类似的问题。

小结:while循环语句,条件表达式的值如果使用True时,循环体一定要有退出循环的break语句,若没有break语句,将变成死循环,初学者在练习时要重视这个问题。如果在调试Python程序过程中,遇到程序无法响应(进入死循环的状态)的情况时,可以按下"Ctrl+C"组合按键,中止程序的运行。

3.3.2 嵌套使用while循环

While循环的嵌套和for循环的嵌套大同小异,唯一不同的是需要在while循环体内设置循环控制变量,使循环有达到退出的条件,而不是构成死循环。

【例3.20】 组合问题:有1、2、3、4四个数字,能组成多少个互不相同且无重复数字的三位数?都是多少?

```
m = 1                                    #外层循环控制变量
result = []                              #存放符合条件的数
ncount = 0                               #计数器,统计满足条件的数的个数
while  m <= 4:
    n = 2                                #中间层循环控制变量
    while n <= 4:
        o = 3                            #内层循环控制变量
        while o <= 4:
            if m!= n and m!= o and n!= o:
                result.append([m,n,o])   #添加到列表对象result中
                ncount += 1              #计数器加1
            o += 1                       #修改内层循环控制变量
        n += 1                           #修改中间层循环控制变量
    m += 1                               #修改外层循环控制变量
print (f"共有{ncount}种组合: ")
for  answer   in  result:                #遍历列表对象result
    print (answer)                       #输出满足条件的组合数
```

例题分析:在本例中,while循环的深度为2,即在内层循环中又嵌套了while循环,为

了描述方便,我们将第一层 while 循环称为外层循环,第二层循环称为中间层循环,最里面的循环称为内层循环,在实际应用中不建议初学者使用嵌套层数过多的 while 循环。

3.4 range 函数

3.4.1 range 函数的基本概念

Python 语言为 Python 爱好者提供了一种不依赖索引取值的方式,在对一些特殊的数据进行快速处理时:通过快速遍历可迭代对象如字符串中的所有元素,在处理时对每一个元素加载到内存中完成处理操作后随之释放,实现了代码运行期间内存使用的最优化处理。

range 函数用于产生一组序列数据,也是一组可迭代的序列数据对象,如 range(3),产生一组序列 0,1,2。在 Python 语言中常与 for 语句配合使用,用作控制循环语句块执行的次数,下面详细进行讲解和说明。

range()函数的语法如下:

range (start,end,step)

Start 表示起始值,如果省略,其默认值为 0;
End 表示终止值,这个是不能省略的,我们看到 range(3),相当于 range(0,3);
Step 表示步长,默认值为 1;
Range(5)相当于 range(0,5,1)。

range 函数产生的序列数据从起始值开始到终止值结束(不包含终止值),以步长为公差的等差数列。比如 range(3)产生 0,1,2,range(0,6,2)产生 0,2,4 有规律的序列数据。例如:

```
>>> range(5)
```

结果:range(0, 5)

```
>>> list(range(5))
```

结果:[0, 1, 2, 3, 4]

```
>>> list(range(1,10))
```

结果:[1, 2, 3, 4, 5, 6, 7, 8, 9]

```
>>> list(range(2,10,2))
```

结果:[2, 4, 6, 8]

```
>>> list(range(2,10))
```
#生成 2 到 10 范围内(不包括 10)的等差数列

结果:[2, 3, 4, 5, 6, 7, 8, 9]

```
>>> list(range(10,2,-2))
```

结果:[10, 8, 6, 4]

```
>>> list(range(10,0,-2))        #生成降序排列的10以内偶数组成的列表对象
```
结果:[10, 8, 6, 4, 2]

```
>>> list(range(9,0,-2))         #生成降序排列的10以内奇数组成的列表对象
```
结果:[9, 7, 5, 3, 1]

3.4.2 迭代和列表解析

迭代和列表解析是 Python 语言特有的语法功能,使用迭代和列表解析的方法编写的代码具有典型的 Python 风格,具有简洁、高效的特点,深受 Python 爱好者追捧。

1. 迭代

迭代,指的是一种操作,在 Python 语言中,for 循环就是一种很典型的迭代操作,for 循环除了使用遍历可迭代对象的方式指定循环语句块执行的固定次数外,还大量用于逐个访问可迭代对象中的各个元素对象,下面我们通过具体的例题进行说明。

【例 3.21】 使用 for 循环输出 100 以内所有 3 的倍数。

```
for n in range(3,100,3):
    print(n,end=",")
```

range()函数产生一组符合条件的可迭代序列对象,range()函数又称为迭代生成器,range(3,100,3)表示生成起始值是 3,终止值是 100(不包括 100),步长(公差)为 3 的一组序列对象。n 作为迭代变量去遍历这组可迭代序列对象,在 for 循环语句块内使用 print()函数输出迭代变量的值。

Python 语言中常见的可迭代对象如表 3.4 所示。

表 3.4 Python 语言中常见的可迭代对象

可迭代对象名称	可迭代对象类型	说 明
字符串	str	字符串中的首字符索引号为 0,尾字符索引为 len(str)-1
列表	list	列表中的首个元素索引号为 0
元组	tuple	元组中的首个元素索引号为 0
字典所有元素的键	dict_keys	由字典对象 keys()方法生成,返回字典的键值组成的可迭代对象
字典所有元素的键、值	dict_items	由字典对象的 items()方法生成,返回由可遍历的(键、值)组成的元组对象构成的可迭代对象
字典所有元素的值	dict_values	由字典对象的 values()方法生成,返回字典所有元素的值组成的可迭代对象
文件对象	_io.TextIOWrapper	with open("E://test.txt","r") as f: print([i for i in f])
迭代器	iterator	

Python 迭代应用的场景:遍历可迭代对象,对可迭代对象元素进行数据分析、判断、加工(处理)。

2. 列表解析

Python 语言采用列表解析的方式来实现对数据的快速、高效、便捷的处理，比如对列表的所有数据元素加 1，所有数据元素进行平方，将数据处理的结果生成一个新的列表而不改变原有列表的数据内容。

下面通过一个简易的字符加密代码来进行说明，将一个字符的 ASCII 值进行特定的运算，比如加上 5，再返回这个 ascII 码的字符可以实现简单的加密操作。比如小写字符'a'，ASCII 序号是 97，经过简易加密（原字符 ascii 序号+5）后的字符是"f"。

上面的操作可以用下面的代码进行描述和实践：

```
>>> chr(ord('a') + 5)
```

结果：'f'

ord()函数返回字符的 ASCII 序号，chr()函数返回 ASCII 序号对应的字符。ord('a')返回小写字符"a"的 ASCII 序号 97，将 97 与 5 相加，得到 102，chr(102)返回字符"f"。下面我们按照简易加密的方式进行一个完整的练习，实现将字符串进行简易加密。

【例 3.22】 将字符串"Python"简易加密处理（原字符 ASCII 序号+5）后输出加密后的字符。

```
oldstr = list("Python")
newstr = []                          #创建一个空的列表对象 newstr
for  ch  in oldstr:
    newstr.append(chr(ord(ch) + 5))
print(newstr)
```

上面的例题描述了传统的解决方法，现在可以使用列表解析的方法修改代码为

```
oldstr = list("Python")
newstr = [ chr(ord(ch) + 5)   for ch in oldstr]
print(newstr)
```

结果：['U', '~', 'y', 'm', 't', 's']

由此可见在一些运用场合，使用列表解析的方法来编写代码更符合 Python 语言简洁、优雅的特点。读者可以多进行这方面的编程实践，逐渐熟悉和熟练掌握，从而编写具有 Python 风格的代码。

列表解析的一般语法形式为

```
[迭代变量要执行的运算/操作   for    迭代变量 in   可迭代数据对象]
>>> a = [1,2,3,4,5]
>>> [n + 1  for n in a]                    #对列表 a 的所有元素加 1 操作，生成新的列表
```

结果：[2, 3, 4, 5, 6]

```
>>> [n ** 2  for n in a]                   #对列表 a 的所有元素进行平方运算，生成新的列表
```

结果：[1, 4, 9, 16, 25]

除了使用列表解析的方法定义完成特定操作的新列表，在实践中，列表解析还有一些特殊用法。例如使用列表解析的方法构建符合条件的新列表。比如由一组学生成绩数据组成

的列表对象 a,如果需要将学生成绩中符合及格的成绩数据筛选出来构成一个新的列表,可以使用下面的代码实现。

```
>>> a = [65,76,55,60,51,0,85,45]
>>> [n for n in a if n >= 60]
```

结果:[65, 76, 60, 85]

小结:如果我们需要对列表对象中符合指定条件的数据进行筛选或者筛选后进行特定计算,可以在构造列表解析时使用 if 语句来筛选符合条件的数据元素。

3.5 编程实践

【例 3.23】 编写程序解决下列问题。

(1) 实现输入一组学生成绩,学生成绩由用户通过控制台输入,用户输入 −2 表示学生缺考,用户输入 −1 结束成绩的录入。

(2) 对输入的成绩进行统计,使用 for 循环计算总分和平均分,并统计各分数段及缺考人数填到表 3.5 中。

表 3.5 学生成绩各分数段及缺考人数统计

分数段	人数
100～90	
89～80	
79～70	
69～60	
60 分以下	
缺考	

(3) 根据统计的分数段情况计算学生成绩的红分率和及格率。

```
student_score = []
score = 0
n = 0
total_score = 0.0                          # 成绩总分
average_score = 0.0                        # 平均分
count_number = [0,0,0,0,0,0]               # 存放分数段及缺考人数的统计数据
count_item = ["100～90","89～80","79～70","69～60","60 分以下","缺考"]
print ("学生成绩小计:输入 −1 结束成绩输入,输入 −2 表示学生缺考")
while  score!= −1.0:
    n += 1
    score = float(input("请输入第" + str(n) + "个学生的成绩:"))
    if score > 100.0:
        print("学生成绩在(0～100),输入的数据无效!")
        n = n − 1
        continue
    elif  score < 0.0  and score!= −1 and score!= −2:
        print("学生成绩在(0～100),输入的数据无效")
```

```
            n = n - 1
            continue
        elif  score != -1.0:
            student_score.append(score)         #添加学生成绩到 student_score 列表中
        elif  score == -1:
            break
#按分数段对输入的学生成绩列表进行统计
for s in  student_score:
    if   s == -2.0:
        count_number[-1] += 1
        continue
    elif s >= 90.0 and s <= 100.0:
        count_number[0] += 1
    elif s >= 80.0 and s <= 89.0:
        count_number[1] += 1
    elif s >= 70.0 and s <= 79.0:
        count_number[2] += 1
    elif s >= 60.0 and s <= 69.0:
        count_number[3] += 1
    else:
        count_number[4] += 1                    #60 分以下
    total_score += s                            #计算总分
print(student_score)
print("总分 = ",total_score)
print("平均分 = ",total_score/sum(count_number[0:5]))
#输出成绩统计结果
for n in range(6):
    print(count_item[n] + ":",count_number[n])
```

习　　题

（1）if 条件表达式后面需要什么符号？

（2）If 条件表达式成立或者不成立要执行的语句块需要缩进吗？怎么缩进？

（3）判断闰年的条件是：年号能够被 4 整除但不能被 100 整除，或者年号能够被 400 整除。请编写判断输入的某一年份是否为闰年的代码。

（4）下列代码执行后，n 的值是多少？

```
n = 10
for i in range(3):
    n += 1
```

（5）已知 a=[1,2,3,4,5,6]，使用 for 循环遍历一个列表 a，计算列表 a 所有元素之和。要求：不能使用 sum()方法来计算。

（6）根据例 3.11，编写代码输出逻辑"或"运算的真值表。

（7）使用 while 循环编写计算 100 以内所有奇数之和。

（8）使用 while 循环编写代码输出九九乘法表。

（9）练习例 3.19、例 3.20，熟悉 while 循环结构的用法。

（10）使用 range() 生成 20 至 50 以内的所有奇数组成的列表 a。

（11）编写代码输出 5 至 100 以内，5 的倍数，对这些 5 的倍数进行求和，输出计算结果。

（12）使用列表解析的方法，生成 3 至 30 以内，所有 3 的倍数的平方数列表。

（13）使用 for 语句编写计算 100 以内所有奇数和的程序。

（14）使用 while 语句编写计算 100 以内所有奇数之和、所有偶数之和。

（15）已知列表 a 的元素由字符串"Hello Python"组成，试写出使用列表解析式生成新的列表，新的列表由列表 a 中所有大写字符组成。

提示：使用字符对象的 isupper() 方法可以判断字符是否为大写字母。

（16）已知列表 a=['string','int','list']，试写出使用列表解析式生成新的列表，新的列表由列表 a 中所有单词大写的形式，即['STRING', 'INT', 'LIST']。

提示：使用字符对象的 upper() 方法可以返回字符对象的大写形式。

（17）使用多变量迭代的方法，生成由大写字母 A~Z 的字符序号和字符组成的字典数据对象。

（18）使用列表解析式，分别编写计算 100 以内所有奇数和、计算 100 以内所有偶数和的程序。

（19）为某医院编写程序判断输入测量到的体温值是否异常，体温值在 37.5 度以上的需要进入特别通道分拣处置，体温值正常的进入正常通道。

（20）编写程序输出九九乘法表。

提示：九九乘法表有两种输出的表现形式，一种是正三角形，另一种是倒三角形。请读者编写程序分别实现，体会不同的代码书写方法和编程技巧。

第 4 章

函数与模块

函数是针对实际情景中,将经常遇到的相同或者相似的代码封装起来,便于在需要的时候能直接调用,这不仅可以增强代码的重复使用率,而且提高了应用的模块化,便于代码排查问题,同时还能节省空间。

任何的 Python 脚本文件都可以看成是模块,封装好的模块可以被其他程序调用,并使用模块里面的函数,使得代码更加好用、易懂。

本章主要内容:
- 熟悉函数的定义和调用;
- 熟悉函数的参数传递和嵌套使用;
- 了解匿名函数和递归函数;
- 掌握变量的作用域能区别局部变量和全局变量;
- 了解模块搜索路径和嵌套导入模块;
- 熟悉模块导入及模块对象属性;
- 熟悉包的导入和使用方法。

4.1 函数的使用

4.1.1 定义函数

函数就是把具有独特功能的代码块组织为一个小模块,在有需要的时候调用它,从而提高代码的模块性和代码的重复使用率。Python 中提供了一些内置常用函数,如 len( )、input( )、print( )等。用户也可以根据自己的需求自定义创建函数。

Python 中,自定义函数的一般语法如下:

```
def 函数名([形式参数列表]):
    函数体
```

从上面定义函数的语法可以看出,定义函数的一般规则如下。

(1) 函数代码块以关键字 def 开头,后接函数名和圆括号(),函数名的命名规则应该符合标识符的命名规则。

(2) 任何传入的参数都必须放在圆括号内,用逗号分隔形式参数列表,即形参。

(3) 函数体的第一句可以选择性地使用文档字符串。

(4) 文档以冒号起始,并且缩进。

(5) 函数体以函数 return 结束,则会将值直接返回到调用的位置,否则,返回值为 None。

【例 4.1】 定义一个名为"print_1()"的函数,功能是输出"Hello Python!"这句话。

参考代码如下:

```
def print_1():
    print("Hello Python!")
```

【例 4.2】 定义一个名为"print_2()"的函数,作用是求任意两个数的和并将所得的结果返回。

参考代码如下:

```
def print_2(a,b):
    return a + b
```

4.1.2 函数调用

函数定义了之后,即相当于给函数指定了函数名、参数列表和代码块结构。想要执行里面的代码块,必须调用函数。函数的调用方法和内置函数的调用方法一致,函数调用的一般语法为

函数名([实际参数变量])

即只需知道函数的函数名和参数便可调用函数,此时的参数便是你想传入函数内部的具体实际参数值,即实参。

【例 4.3】 编程实现输出如下内容,要求使用函数。

```
*************
Hello Python!
*************
```

解题分析如下。

(1) 定义函数。

定义一个函数,能输出"*************"字符;

```
def print_start():
    print(" ************* ")
```

定义一个函数,能输出"Hello Python!"。

```
def print_text():
```

```
print("Hello Python!")
```

(2) 调用函数。

```
print_start()
print_text()
print_start()
```

结果:

```
************
 Hello python!
************
```

由于函数只有在调用时才执行,因此在定义函数时,它不占用电脑的资源。首先调用的是 print_start() 函数,会转到定义的 print_start() 函数中执行其中的函数体,只有当函数执行完成之后,才会重新回到之前的程序中,继续执行后续的代码。

函数除了可以直接输出数据,还可以对数据进行处理,然后将结果返回。函数返回的值称为返回值。在 Python 中,函数使用 return 语句返回值,同时在函数中也使用 return 语句来退出函数并将结果返回到函数调用的位置继续执行程序,return 语句可以返回 0 个、1 个或者多个结果,多个值以元组类型保存。

【例 4.4】 编写函数实现求两个数的和差积商。

解题分析如下。

(1) 定义函数,并使用 return 语句返回两数的和差积商。

```
def su_de(a,b):
    return a + b,a - b,a * b,a/b
```

(2) 调用函数,有返回值将返回值赋值给一个变量。

```
a = su_de(1,2)
    print(a)
```

结果:(3, -1,2,0.5)

调用函数时根据不同的参数类型,将实参传递给形参。参数的类型分为不可变类型(如整型、浮点型、字符串、元组等)和可变类型(如列表、字典、集合等)。当数据类型为不可变数据类型时,在函数内部直接修改参数的值不会影响实参的值。

【例 4.5】 阅读以下代码,分析输出结果。

参考代码如下:

```
def change_int(a):
    a = 10
    print('函数内的 a 的值为: ',a)
a = 5
change_int(a)
print('函数外的 a 的值为: ',a)
```

结果：

函数内的 a 的值为：10
函数外的 a 的值为：5

从运行的结果可以看出,虽然在函数内部修改了形参 a 的值,但是并没有修改函数外部的参数 a。

而当参数类型为可变数据类型时,在函数内部对其进行增、删、改的操作时,函数外的实参也会有对应的修改。

【例 4.6】 阅读以下代码,分析输出结果。

参考代码如下：

```python
def change_list(list1):
    list1.append([10,20,30])
    print('函数内的列表的值为：',list1)
list1 = [1,2,3]
change_list(list1)
print('函数外的列表的值为：',list1)
```

结果：

函数内的列表的值为：[1, 2, 3, [10, 20, 30]]
函数外的列表的值为：[1, 2, 3, [10, 20, 30]]

从运行结果可以看出,在函数内部修改了形参 list1 的值,函数运行结束之后,实参 list1 的值也同样被修改了。

4.1.3　函数参数

函数的参数能够增加函数的通用性,针对相同的数据处理逻辑,能够适用更多的数据。形参为定义函数时的参数,是用来接收参数用的。在函数内部,把参数当作变量使用,进行需要的数据处理。实参为调用函数时的参数,用来将数据传递到函数内部进行使用。

在 Python 中,函数的参数类型有多种,分别包括必备参数、关键字参数、默认参数和不定长参数。

1. 必备参数

在 Python 中,必备参数是简单和常用的一种形式,需要保证调用函数的实参和定义函数的形参在顺序和数量上必须保持严格一致。

【例 4.7】 试运行一下程序,分析运行结果。

```python
def print_info(name,age):
    print('大家好!我叫%s,今年%s岁了'%(name,age))
print_info('小明',15)
print_info(15,'小明')
print_info('小明')
```

结果：

大家好!我叫小明,今年 15 岁了

大家好!我叫 15,今年小明岁了

当执行第一个调用语句 print_info('小明',15)时,实参和形参的数量是一致的,参数的传递过程为实参的对应位置的参数传递给形参,即将"小明"传递给 name,15 传递给 age,然后执行函数的函数体,即实现输出。

当执行第二个调用函数时,同样也是将实参传递给形参,而且位置是一一对应的传递,可以看出虽然没有报错,但是最终的输出确实是有问题的。

当执行第三个调用函数时,此时的形参和实参的数量不相同,程序运行到这条代码时出现了错误信息提示(缺少必备的位置参数 age)。

2. 关键字参数

关键字参数是在调用函数的过程中,将实参的值和名称相互对应,使在传递实参时不会发生混淆。则使用关键字参数函数调用时参数的位置顺序可以不一致,因为 Python 解释器能够用参数名匹配参数值。

【例 4.8】 试运行一下程序,分析运行结果。

```
def print_info(name,age):
    print('大家好!我叫%s,今年%s岁了'%(name,age))
print_info(age = 15,name = '小明')
```

结果:大家好!我叫小明,今年 15 岁了

3. 默认参数

在定义函数时,可以给形参设置默认值,具有默认值的参数叫默认参数。在调用函数时,对于有参数默认值的参数,实参可以不必为此形参传递值,函数将会直接使用形参设置的默认值。若实参为此形参传递了值,函数则会使用实参传入的值。

带有默认值参数的函数定义语法如下:

```
def 函数名([...,形参名 = 默认值]):
    函数体
```

【例 4.9】 试运行一下程序,分析运行结果。

参考代码如下:

```
def print_info(name,age = 20):
    print('大家好!我叫%s,今年%s岁了'%(name,age))
print_info(name = '小明')
print_info(age = 15,name = '小明')
```

结果:

大家好!我叫小明,今年 20 岁了
大家好!我叫小明,今年 15 岁了

注意:在定义带有默认值参数的函数时,默认值参数必须放在函数形参列表中的最右端,即默认参数后不能有非默认参数,否则会出现语法错误。

例如:

```
def print_info(age = 20,name):
    print('大家好!我叫 % s,今年 % s 岁了'%(name,age))
print_info(name = '小明')
print_info(age = 15,name = '小明')
```

程序运行结果为

SyntaxError: non - default argument follows default argument

4. 不定长参数

在定义函数后,我们需要处理比当初定义函数时更多的参数,这时可以使用不定长参数。函数中不定长参数的一般语法是:

```
def 函数名([形参列表, * args1, ** args2]):
    函数体
```

其中 * args1 和 ** args2 都是不定长参数,前者带一个星号(*)的形参会接收所有未命名的实参,并将其存放在一个元组里面。后者带两个星号(*)的形参会接收所有命名的实参,即关键字参数,并将其存放于字典中。

【例 4.10】 试运行一下程序,分析运行结果。

```
def print_info(name,age, * args1, ** args2):
    print('大家好!我叫 % s,今年 % s 岁了'%(name,age))
    print(' * args1 的值为: ',args1)
    print(' ** args2 的值为: ',args2)
print_info('小明',30,10,20,30,40,50,a = 1,b = 2,c = 3)
```

结果:

```
大家好!我叫小明,今年 30 岁了
 * args1 的值为: ()
 ** args2 的值为: {'a': 1, 'b': 2, 'c': 3}
```

从上面运行结果可以看出,当调用函数 print_info()传入多个数值时,程序会根据形参和实参的位置逐个进行匹配传递,先是将"小明"传递给 name,30 传递给 age,然后将未命名的这组实参 10,20,30,40,50 传递给 * args1 保存为一个元组,最后将带关键字参数的这组实参 a=1,b=2,c=3 传递给 ** args2,保存在字典中。

注意:不定长参数所放的位置不能改变,否则会报错。

4.1.4 函数嵌套

在 Python 中允许函数嵌套,既可以是函数在定义时的嵌套,也可以是函数在调用时的嵌套。函数在定义时的嵌套,即以定义一个函数时内部再定义另一个函数。

【例 4.11】 试运行一下程序,分析运行结果。

参考代码如下:

```
def outer():
    st = 'Python'
    def inner():                    # outer 函数内部定义的函数
```

```
        print(st)
    inner()
outer()
```

结果：

```
Python
```

注意此时的 inner() 函数是 outer() 函数的内部函数，在外部我们只能调用外部函数而无法在外部调用内部函数，否则会报错。

除了函数嵌套定义，还有函数嵌套调用，即在一个函数中调用另一个函数。

【例 4.12】 求 1!+2!+…+n! 的值并输出，要求使用函数嵌套调用实现。

解题分析：使用函数嵌套计算阶乘累加和，在定义函数时可以分为求和和求阶乘两个函数定义，如定义 total 是求和的函数，fac 是求阶乘的函数。

参考代码如下：

```
def total(n):                                    # 定义求和函数
    s = 0
    i = 1
    while i <= n:
        s = s + fac(i)
        i = i + 1
    return s
def fac(k):                                      # 定义求阶乘函数
    i = 2
    fact = 1
    while i <= k:
        fact = i * fact
        i = i + 1
    return fact
n = int(input('请输入一个大于 1 的整数：'))
print('1! + ... + %d! = %d'%(n,total(n)))        # 调
用函数
```

结果：

```
请输入一个大于 1 的整数: 12
1! + ... + 12! = 522956313
```

下面给出上例函数嵌套调用时，程序调用执行过程先是求和 total 函数被调用，然后在执行 total 函数过程中求阶乘函数 fac 函数又被调用，其程序执行调用的流程顺序如图 4.1 所示。

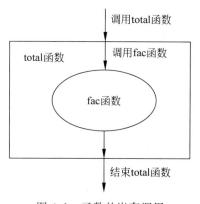

图 4.1 函数的嵌套调用

4.1.5 lambda 函数

在 Python 中，lambda 函数是使用关键字 lambda 定义的一种特殊函数，也叫匿名函数。即在定义 lambda 函数的过程中，无须给函数命名，但它并非没有名字，而是隐匿为函数的

返回值。是一种简单的,在同一行中定义的函数方法。其语法如下:

函数名 = lambda[参数列表]: 表达式

lambda 函数的表达式只允许包含一个简单逻辑的表达式,不能包含复杂语句,该表达式的运算结果就是函数的返回值,不需要 return 语句就能直接返回。例如:

```
total = lambda a:a**2          #定义 lambda 函数
total(2)                        #调用 lambda 函数
```

结果:4

lambda 函数主要应用在只需简单计算的临时需要,但又不想复杂定义函数的场景中,如作为参数传递给别的函数。例如 Python 的内置函数 map(),主要的功能就是根据指定的函数对指定的序列做映射。

【例 4.13】 将列表[1,2,3,4,5]中的每一个元素进行加 10 减 2 的同一操作。

参考代码如下:

```
list1 = [1,2,3,4,5]
list2 = list(map(lambda x:x + 10 - 2,list1))
print(list2)
```

结果:[9, 10, 11, 12, 13]

4.1.6 递归函数

在 Python 中,递归函数就是自己调用自己。递归既可以是直接调用自己,也可以是间接调用自己。直接递归调用就是调用函数 fun 并执行的过程中,又调用了 fun 函数,如图 4.2 所示。间接递归调用即在调用函数 fun 并执行的过程中调用了其他的函数 fun1,而在执行 fun1 的过程中又调用了 fun 函数,如图 4.3 所示。

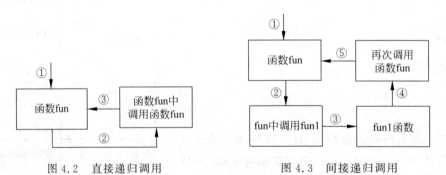

图 4.2 直接递归调用　　　　图 4.3 间接递归调用

从图 4.2、图 4.3 可以看出,递归调用函数都是反复地调用自身,所以在使用递归函数的时候一定得给函数设置终止条件,防止函数成无限递归。

【例 4.14】 斐波那契数列(Fibonacci sequence)指的是这样一个数列:1、1、2、3、5、8、13、21、34…在数学中,斐波那契数列被定义:$F(0)=0, F(1)=1, F(n)=F(n-1)+F(n-2)(n \geqslant 2, n \in \mathbf{N}^*)$。计算任意一个正整数 n 的斐波那契数列的值。

解题分析：依据斐波那契数列在数学上的规律 $F(0)=0, F(1)=1, F(n)=F(n-1)+F(n-2)(n \geqslant 2, n \in \mathbf{N}^*)$，可以直接利用递归函数进行解答。

参考代码如下：

```
def fi_se(n):                                      #定义函数 fi_se
    if n == 1:
        return 1
    if n == 0:
        return 0
    return fi_se(n-1) + fi_se(n-2)                 #递归使用函数 fi_se
n = int(input('请输入一个正整数: '))
print('正整数 %d 的斐波那契数列的值为: %d'%(n,fi_se(n)))   #调用函数 fi_se 并输出结果
```

结果：

请输入一个正整数：4
正整数 4 的斐波那契数列的值为：3

例 4.14 中总共进行了 4 次递归，调用了 8 次 fi_se 函数，具体详细的调用过程如图 4.4 所示。

4.1.7 函数列表

在 Python 中有很多内置的函数 built-in，可以直接在任何时候调用实现相应的功能。通过函数 dir(_builtins_)查看 Python 中的一些内置函数的信息。按照函数操作对象的不同可以将函数分为数学运算类、集合操作类、逻辑判断类、映射类和文件操作类 5 类。

1. 数学运算类

数学运算类主要是在 Python 内建立的一些关于数学上经常会使用到的一些数学运算，需要的时候可以直接使用。常见的数学函数如表 4.1 所示。

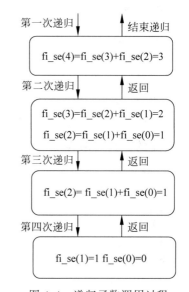

图 4.4　递归函数调用过程

表 4.1　常见的数学函数

函　　数	描　　述
abs(x)	求绝对值，参数 x 可以是整型也可以是复数。若为复数则返回复数的模
complex([real,[imag]])	创建一个 real+imag*j 的复数，或者将字符串或数字转换为复数
divmod(a,b)	返回一对商和余数。其中 a,b 为实数
float([x])	将一个字符串或数据转换为浮点数，如为字符串参数必须是十进制数字的字符串
int([x[,base]])	返回一个字符串或数字生成的整数对象，若参数 x 为字符串，base 表示进制，一般可以为 2,8,10,16，默认值为 10
pow(x,y[,z])	返回 x 的 y 次幂，若 z 存在，则对 z 取余，即 pow(x,y)%z

续表

函 数	描 述
round(x[,n])	四舍五入
oct(x)	将整数 x 转化为 8 进制
hex(x)	将整数 x 转换为 16 进制字符串
chr(x)	返回整数 x 对应的 ASCII 字符
bin(x)	将整数 x 转换为二进制字符串

【例 4.15】 分析以下程序的运行结果。

参考代码如下:

```
print(abs(-23.222))          #求绝对值
print(complex(2,3))          #创建一个复数
print(divmod(2,3))           #求商和余数
print(float('12'))           #转换为浮点数
print(int('0100',2))         #转换为整数
print(pow(2,3))              #求次幂
print(round(12.523))         #四舍五入
print(oct(9))                #十进制转换为 8 进制
print(chr(97))               #数字转换为 ASCII 字符
```

程序的运行结果为

```
23.222
(2+3j)
(0, 2)
12.0
4
8
13
0o11
a
```

2. 集合操作类

在 Python 中,集合类操作主要是对一组数据进行的相关操作,即对数据集合的操作(见表 4.2)。

表 4.2 常见的数据集合类的函数

函 数	描 述
enumerate(iterable,start=0)	返回一个可枚举对象,iterable 必须是一个序列,或者一个可迭代对象
iter(iterable)	返回一个可迭代对象,能使用 next 函数调用
max(iterable[,args…][key])	返回集合中的最大值
min(iterable[,args…][key])	返回集合中的最小值
range(start,stop[,step])	创建一个序列,默认从 0 开始
sum(iterable[,start])	对集合求和。start 为指定相加的参数,默认为 0
sorted(iterable, key = None, reverse=False)	返回一个新的已排序列表

续表

函　数	描　述
all(iterable)	集合中的元素全为真结果为真,否则为假。注意:集合为空集时结果为真
any	集合中任一元素为真结果为真,否则为假。注意:集合为空时结果为假
cmp(x,y)	若 x<y 返回负数,x==y 则返回 0,x>y 则返回正数

【例 4.16】 分析以下程序的运行结果。

参考代码如下:

```
seasons = ['Spring', 'Summer', 'Fall', 'Winter']
print(list(enumerate(seasons,start = 1)))
ite = iter(seasons)
print(next(ite))
print(next(ite))
print(list(range(10)))
list1 = [3,5,3,4,5]
print(sum(list1))
print(sorted(list1,reverse = True))
logical = [False,True,True,True,True]
print(all(logical))
print(any(logical))
```

结果:

```
[(1, 'Spring'), (2, 'Summer'), (3, 'Fall'), (4, 'Winter')]
Spring
Summer
[0, 1, 2, 3, 4, 5, 6, 7, 8, 9]
20
[5, 5, 4, 3, 3]
False
True
```

3. 异常类

在编写 Python 程序的过程中,会遇到一些报错信息,主要有语法错误和异常,这里主要对异常进行讲解。异常是 Python 程序的语法是正确的,但是在运行时却发生了错误。异常是不会被程序自动处理的,会以错误信息的形式被程序抛出。常见的异常类函数见表 4.3。

表 4.3 Python 中常见的异常类函数

函　数	描　述
BaseException	所有异常的基类
TypeError	类型无效的操作
SyntationError	Python 语法错误
TabError	Tab 和空格错误

续表

函 数	描 述
ValueError	传入无效的参数
Exception	常规错误的基类
Warning	警告的基类
AttributeError	对象没有这个属性
IOError	输入/输出操作的失误
IndexError	序列中没有此索引(index)
ImportError	导入模板/对象失误
MemoryError	内存溢出错误
NameError	为声明/初始化对象(没有属性)

【例 4.17】 分析以下程序运行结果。

```
list1 = [3,5,3,4,5]
print(list[5])
```

结果：`IndexError: list index out of range`

由上面程序的结果可以看出，程序抛出了错误 indexError。即索引错误，列表的索引超出了列表的范围。

在 Python 的内置函数中除了上述列出的常见内置函数外，还有一些高阶函数。高阶函数是函数可以作为参数传递给另一个函数，或者函数的返回值传递给另一个函数。Python 中常见的高阶函数有 map、filter、reduce。

4. map 函数

map 函数的语法为：map(func,seq[,seq[,seq...]])。map 函数主要是接收一个函数及多个集合序列，再根据提供的函数和指定的序列做映射，返回一个 map 对象。对 seq 中的 item 依次执行 func(item)，最后的执行结果组成一个 list 列表。

【例 4.18】 将两个列表中对应位置的值相乘，list1=[1,2,3,4,5]、list2=[5,6,7,8,9]。

解题分析：首先编写一个值相乘的函数，这里可以使用匿名函数 Lambda，然后利用 map 函数即可。

参考代码如下：

```
list1 = [1,2,3,4,5]
list2 = [5,6,7,8,9]
print(list(map(lambda x,y: x * y,list1,list2)))
```

结果：[5, 12, 21, 32, 45]

运行结果分析：map 函数里面的运行是将 list1 和 list2 列表中的第一个元素分别传给 x 和 y，然后执行 x*y，接下来就依次是第二个直到列表最后一个元素为止。

注意：使用 map 函数生成的是一个 map 对象，若需将其显示出来，可以使用 list 将其转换为列表显示出来，也可以通过 for 来遍历。

(1) filter 函数。filter 函数的语法为 filter(func,seq)。filter 函数主要是用来过滤序

列,过滤掉不符合条件的元素,返回由符合条件元素组成的 filter 对象。对 seq 中的 item 依次执行 func(item),将执行结果为 True 的 item 组成一个 list\string\tuple 返回。

【例 4.19】 筛选出列表 list1=[1,2,3,4,5]中大于 3 的元素。

解题分析:首先需要写一个逻辑判断函数,判断列表中的元素是否大于 3,然后 filter 函数过滤掉不符合条件的元素。

参考代码如下:

```
list1 = [1,2,3,4,5]
print(list(filter(lambda x:x>3,list1)))
```

结果:[4, 5]

程序运行结果分析:filter 函数将列表 list1 的元素依次传给 x,然后判断其是否大于 3,最后的结果只返回判断结果为真的结果。

(2) reduce 函数。reduce 函数的语法为:reduce(func,seq[,initial])。reduce 函数主要是用来合并数据。对序列 seq 中的元素 item 调用 func 进行数据合并,可以给一个初始值,对 seq 中的 item 依顺序迭代调用函数 func。

【例 4.20】 将列表 list1=[1,2,3,4,5]中的所有元素相乘。

解题分析:先使用匿名函数写元素相乘的函数,然后利用 reduce 来计算序列中所有元素的乘积。

参考代码如下:

```
from functools import reduce
list1 = [1,2,3,4,5]
print(reduce(lambda x,y:x*y,list1))
```

结果:120

程序运行结果分析:reduce 函数先将列表 list1 中的第一个和第二个分别传给 x 和 y,然后执行 x*y,将结果传给 x,再将列表 list1 中的第三个元素传给 y,再执行 x*y 然后依次执行下去,直到列表 list1 中的元素没有为止。

注意:reduce 函数在 functools 模块中,需要先引入才可以使用。

4.2 变量作用域

在 Python 程序中创建、改变、查找变量时,都是在一个保存变量名的空间中进行。Python 的作用域是静态的,变量名被赋值的位置决定了变量能被访问的范围。

4.2.1 作用域介绍

在 Python 程序设计中,程序的变量并非在哪个位置都可以被访问,关键还在于这个变量是在哪里被赋值产生的。

1. 作用域的概念

所谓作用域,即变量的作用域,就是使用变量的有效范围,即变量可以在哪个范围内使用,有的变量可以在整个程序中的任意位置使用,而有的只能在函数内部使用,还有的变量只能在 for 循环内使用。变量的作用域是由变量的定义位置决定的,在不同位置定义的变量,其作用域也会不一样。

2. 作用域的产生

在 Python 中,并不是所有的语句块都会引起变量的作用域,只有在模块(module)、类(class)以及在函数(def、lambda)中定义变量时才会引入新的作用域,其他的代码块如 if、try、for 等,不会被引入新的作用域。

参考代码如下:

```
if True:
    x = 2.8
print(x)
```

结果:2.8

由上面程序的结果可以看出,if 语句并没有引入新的作用域,x 在后面的程序中仍然可以使用。假如将变量定义在函数内部,效果又是怎样的呢?

参考代码如下:

```
def test():
    x1 = 10
print(x1)
```

结果:NameError: name 'x1' is not defined

由上述程序的运行结果可以看出,在函数内部定义的变量,在函数外部是不能使用的,即此变量的作用域就只能是定义函数的内部。

3. 作用域的类型

在 Python 中,真正使用变量之前,它必须先声明定义并赋值,这时即将在当前作用域中引入新的变量,同时屏蔽外层作用域中的同名变量。依据变量的位置不同,变量的作用域也会不同,可以将作用域分为局部作用域(local)、嵌套作用域(enclosing)、全局作用域(global)和内置作用域(built-in)四种类型的作用域。

(1) 局部作用域(local):主要是定义在函数内部的变量的作用域,即使用关键字 def 定义的语句块。在函数内部的变量一般默认为局部变量,除非特别的声明为全局变量。局部变量作用域相当于一个栈,仅仅是暂时存在,会依据创建局部变量的函数是否处于活动的状态。所以,一般建议尽量不定义全局变量,因为全局变量在模块文件运行的过程中会一直存在,占用内存空间。

(2) 嵌套作用域(enclosing):和局部作用域是相对的,嵌套作用域相对于更上层的函数而言也是局部作用域。区别在于,对一个函数而言,局部作用域是定义在此函数内部的局部作用域,而嵌套作用域是定义在此函数的上一层父级函数的局部作用域,主要是为了实现 Python 的闭包而增加的。

(3) 全局作用域(global):即在模块层次中定义的变量,每一个模块都是一个全局作用域。即在模块文件顶层声明的变量具有全局作用域。从外部来看,模块的全局变量就是一个模块的属性。

注意：全局作用域的作用范围仅限于单个模块文件内。

（4）内置作用域（built-in）：系统固定模块里面的变量，如 int、bytearray 等。搜索变量的优先级顺序依次是：局部作用域＞嵌套作用域＞全局作用域＞内置作用域。当在函数中使用未确定的变量名时，Python 会按照优先级依次搜索 4 个作用域，以此来确定该变量。首先搜索局部作用域，之后是上一层嵌套结构中的 def 或 lambda 函数的嵌套作用域，然后是全局作用域，最后是内置作用域。按顺序查找直至找到为止，若均未找到则发出 NameError 的错误。

参考代码如下：

```
def test():
    variable = 30
    print(variable)
variable = 10
test()
print(variable)
```

结果：

```
30
10
```

由上述程序运行的结果可以看出，变量 30 在函数内是局部变量，其作用域只在函数内部，而变量 10 是全局变量。

参考代码如下：

```
def test():
    a += 1                          #这里a变成了局部变量.
    print(a)
a = 1
test()
```

结果：UnboundLocalError: local variable 'a' referenced before assignment

上述程序运行出现错误 UnboundLocalError，即解释器不清楚变量是全局变量还是局部变量。因为在函数内部对变量赋值进行修改后，改变变量会被 Python 解释器认为是局部变量而非全局变量。而在执行 print(a) 时，a 这个局部变量没有定义，所以就会抛出错误的信息。

4.2.2 global 语句

在编写程序的时候，由于变量作用域的问题，不可避免地会出现一些问题。解决问题的一个办法是将局部变量改为全局变量，可以使用 global 语句，将局部变量改为全局变量。

在函数内部通过 global 关键字来声明或定义全局变量，可分为以下两种情形。

（1）变量已在函数外定义，如果想在函数内使用该变量的值或修改变量的值，并将修改后的结果反映到函数外，可以在函数内用关键字 global 声明该全局变量。

（2）在函数内部直接使用 global 关键字将变量声明为全局变量，如果在函数外没有定义该变量，在调用该函数后，会创建新的全局变量。

【例 4.21】 分析以下程序的运行结果。

```python
def test():
    global num                                      #使用关键字 global 声明变量为全局变量
    num += 1
    print('函数内部的 num 值为',num)
num = 1
test()
print('函数外部的 num 值为',num)
```

结果：

函数内部的 num 值为 2
函数外部的 num 值为 2

程序运行结果分析：在函数内使用关键字 global 将变量 num 声明为全局变量，且在函数内的初始值为 1，执行语句 num += 1 后，num 的值为 2，因为此时的 num 是全局变量，因此函数外的 num 的值也为 2。

若在函数内没有语句 global num，则函数内的 num 为局部变量，在执行语句 num+=1 之前，需要对变量 num 进行定义并赋值。否则程序执行时会出现错误提示。提示你在赋值之前引用了局部变量 num。如下所示：

```
UnboundLocalError: local variable 'num' referenced before assignment
```

4.2.3　nonlocal 语句

除了在函数内部的变量，使用关键字 global 声明为全局变量外，还有在嵌套函数内部的变量，希望能在嵌套函数中使用，但又不需要在函数外使用，即不能直接将其声明为全局变量，这时可以使用关键字 nonlocal。即关键字 nonlocal 是修改嵌套函数中的变量的作用域。

注意：无论是 global 还是 nonlocal，它们必须引用封闭范围中已经存在的变量。

【例 4.22】 分析以下程序的运行结果。

```python
def test1():
    num = 1
    def test2():
        nonlocal num                                #nonlcal 关键字声明
        num = 2
        print('嵌套内部函数中的 num 值为',num)
    test2()
    print('嵌套外部函数中的 num 值为',num)
test1()
```

结果：

嵌套内部函数中的 num 值为 2
嵌套外部函数中的 num 值为 2

程序运行结果分析：在内部函数 test2 中使用关键字 nonlocal 声明变量 num，因此变量

num 在内部函数 test2 中修改会影响其在外部函数 test1 中的值的变化。因此内外函数的输出结果都是 2。

若没有语句 nonlocal num,则在内部函数 test2 中的 num 变量就是局部变量,其值为 2,而外部函数 test1 中的 num 变量值为 1,运行结果如下所示:

```
嵌套内部函数中的 num 值为 2
嵌套外部函数中的 num 值为 1
```

4.3 模 块

每一个以.py 结尾的 Python 脚本文件都是一个模块(Modules),模块以磁盘文件的形式存在。能够有逻辑地组织 Python 代码,可以被别的模块导入调用,增强代码的重复使用率。

4.3.1 导入模块

在 Python 中包含了 Python 标准库模块。模块就好比工具包,想要在其他模块中使用这个工具包中的工具,就需要导入该模块。导入模块的方法有三种,下面对这些方法做逐一介绍。

1. import 导入

在 Python 中可以使用关键字 import 来导入整个模块,导入模块后,在程序中就可以使用该模块中定义的类、方法或变量,从而达到代码的复用。import 导入的语法如下:

```
import 模块名 1[,模块名 2[模块名 3...[模块名 N]]]
```

比如想要导入时间 time 模块,就可以在文件最开始的地方用 import time 来导入。这样就可以导入其他模块,并调用它的函数来使用。后面的方括号表示可选项,如有多个模块需要导入,也可以在一行内导入多个模块。即将多个模块一次性地导入,模块名和模块名之间使用逗号进行分隔。例如当模块导入之后,可以调用模块中的函数进行使用。从模块中调用函数的语法如下:

```
模块名.函数名
```

在调用模块中的函数时,必须加上模块名,因为在多个模块中,很大可能会有名称相同的函数,若不使用模块名,则解释器将无法确定调用的是哪个函数。例如:

```
import math                          # 导入标准库 math
print(math.floor(2.54))              # 向下取整
```

结果:

```
2
import math,random                   # 导入标准库 math、random
print(math.floor(2.54))              # 调用 import 模块中的向下取整函数
print(random.random())               # 生成 0~1 之间的随机浮点数
```

结果：

```
2
0.2806563473550886
```

2. from…import 导入

除了 import 导入整个模板外，还可以使用 from…import 导入模板中的某个函数或某个特定的函数。这种方式可以减少程序查询次数，提高访问速度，减少程序的代码量。语法如下：

```
from 模块名 import 函数名1[,函数名2[,函数名3…[,函数名N]]]
```

如需要导入 math 模块中的 floor 函数，则直接使用 from math import floor 来导入。同时在使用 from…import 导入模块时，也可以同时在一行内导入模块中的多个函数，函数之间用逗号分隔，此选项为可选项。当使用 from…import 导入模块之后，可以直接使用函数名来调用函数，不需要使用模块名作为前缀。例如：

```
from math import floor              # 导入 math 中的 floor 函数
print(floor(2.54))
```

结果：

```
2
from math import floor,ceil         # 导入 math 中的 floor 和 ceil 函数
print(floor(2.54))
print(ceil(2.54))
```

结果：

```
2
3
```

若在导入的时候不清楚需要哪些函数，那么可以考虑将模块中的所有函数都导入，即使用星号"*"可以导入模块中的所有内容。导入语法为

```
from 模块名 import *
```

如需要导入 math 模块中的所有内容，则可以直接使用 from math import *。而且在调用函数的时候不需要再使用模块名作为前缀。例如：

```
from math import *
print(floor(2.54))
print(ceil(2.54))
print(sqrt(16))
```

结果：

```
2
3
4.0
```

这样的使用方法是比较省事的，既可以使用模块中的全部函数，还不需要模块名作为前

缀来调用函数。但一般情况来说,并不建议这样使用,因为这样会降低代码的可读性,且会导致命名空间的混乱,不利于程序的编写。

3. as 别名

当模块名或者函数名很长时,可以使用 as 语句给其取一个简单的别名,然后使用别名来调用函数或者模块。as 用于关键字 import 后面,语法如下:

```
import 函数名/模块名 as 别名
```

如想要将函数 floor 另命名为 f,将模块 random 另命名为 r,则直接在导入时多加一个 as 语句,即 from math import floor as f 和 import random as r。在调用时直接用另取得的别名. 函数名,如果导入的是函数,则直接用别名调用即可。即取得别名就是代替原来的名字而已。例如:

```
from math import floor as f,ceil as c
import random as r
print(c(2.54))
print(f(2.54))
print(r.random())
```

结果:

```
3
2
0.42884970827758906
```

as 取别名是一个可选项,一般都是统一使用,名字较为简单的都不建议另取名字,有特殊意义的也不建议另取名字,这样不容易混淆,因为如果用多了反而不是很容易出现混用现象。

4.3.2 重新载入模块

在导入模板的过程中,如果已经导入模板,但是在这个过程中需要将模板中的内容进行修改,那么这时就需要重新加载该模块,但是 Python 程序的默认是之前已经导入了该模块,不需要再次读取该文件,所以即使重新 import 导入,仍然没有导入新的更改的内容进程序中,那么就会导致更改无效。想要解决这个问题,最简单有效的方法是重启 Python 程序。但是这样操作有个缺点,容易丢失 Python 名称空间中存在的数据以及其他导入模块中的数据。另一种方法就是重新加载模块,使用 Python 中的 reload() 函数。Reload() 函数是在模块 imp 中,依据上节学习的模块导入来导入模块。例如编写一个 test.py 的模块,里面的程序如下:

```
def test_add(x,y):
    return x + y
print('hello world!')
```

在另一个模块 main.py 中导入上述模块,使用关键字 import。

```
import test
```

结果：hello world!

但是当我们将程序的 print('hello world!')修改为 print('Python')之后,想要导入新的内容,又使用 import test 可以发现运行台什么都没有,即没有语句输出。那么这时就需要使用 reload 函数重新载入模块 test。程序如下:

```
import imp
imp.reload(test)
```

结果：Python

运行结果表示,重新载入了更改之后的模块,载入成功。

4.3.3 模块搜索路径

由模块的导入可知,Python 模块在程序中的导入顺序是 Python 标准模块、Python 第三方模块,最后是自定义模块。那么当使用关键字 import 导入模块的过程中,其搜索路径是怎样的。首先会导入 Python 里面的内建模块,判断导入的这个模块 module 是不是 built-in 内建模块,如果是内建模块则引入内建模块,如果不是则在一个称为 sys.path 的列表 list 中去寻找;sys.path 是在 Python 脚本程序执行时动态生成的,是一个路径列表,这个列表主要包括以下 3 个部分,而且这 3 个搜索路径也是有先后顺序的。

(1) 程序运行当前目录。

(2) 如果不在当前目录,Python 则会搜索在环境变量 PYTHONPATH 下的每个目录,包含 Python 的 path 路径,标准库目录和第三方目录。

(3) 如果都找不到,Python 会查看安装 Python 时的默认路径。

因为内建模块是随着 Python 解释器一起的,不需要我们管,所以在使用 import 导入模块时只需要查看 sys.path 的顺序即可。例如：

```
import sys
print(sys.path)
```

结果：

```
['G:\\jupyter notebook\\Python',
'E:\\anaconda\\Ananconda3\\Python37.zip',
'E:\\anaconda\\Ananconda3\\DLLs',
'E:\\anaconda\\Ananconda3\\lib',
'E:\\anaconda\\Ananconda3',
'E:\\anaconda\\Ananconda3\\lib\\site-packages',
'E:\\anaconda\\Ananconda3\\lib\\site-packages\\win32',
'E:\\anaconda\\Ananconda3\\lib\\site-packages\\win32\\lib',
'E:\\anaconda\\Ananconda3\\lib\\site-packages\\Pythonwin',
'E:\\anaconda\\Ananconda3\\lib\\site-packages\\IPython\\extensions',
'C:\\Users\\IBM\\.iPython']
```

Python 导入模块时,会依次在上述的路径中顺序查找,找到了就不会再往后找,找不到就会发出异常,只搜索指定目录,不递归搜索。若是自定义的模块路径不在上述的路径列表中,可以手动添加路径到路径列表中,使用 sys.path.append()函数。例如:

```
sys.path.append('..\\')              #返回上一级目录
print(sys.path)
```

结果:

```
['G:\\jupyter notebook\\Python自编教材',
'E:\\anaconda\\Ananconda3\\Python37.zip',
'E:\\anaconda\\Ananconda3\\DLLs',
'E:\\anaconda\\Ananconda3\\lib',
'E:\\anaconda\\Ananconda3',
'E:\\anaconda\\Ananconda3\\lib\\site-packages',
'E:\\anaconda\\Ananconda3\\lib\\site-packages\\win32',
'E:\\anaconda\\Ananconda3\\lib\\site-packages\\win32\\lib',
'E:\\anaconda\\Ananconda3\\lib\\site-packages\\Pythonwin',
'E:\\anaconda\\Ananconda3\\lib\\site-packages\\IPython\\extensions',
'C:\\Users\\IBM\\.iPython',
'..\\']
```

当前路径或 PYTHONPATH 中存在与标准模块名和自编的模块名相同时,则使用 import 导入该模块时会覆盖标准模块,即若当前目录中存在 print.py 模块,那么在执行 import print 时,导入的是当前目录下的模块,而不是系统标准库中的模块。例如:先在当前目录中建立一个 print.py 的模块,其中的程序为:print('Python!!!')。

```
import print
```

结果:Python!!!

由上述结果可以知道,import 导入的是自定义的模块,而不是内置函数 print,但是这样可能会导致模块需要使用 print() 打印时会出现异常。所以一般不建议使用标准函数名来命名自定义的模块。

4.3.4 嵌套导入模块

在 Python 中可以嵌套导入模块,即在一个模块中嵌套导入另一个模块。如自定义模块 t2.py 在当前目录下的 test2 文件夹中,里面的程序是 b="test2"。而另一个模块 t1.py 将其建立在当前目录下,里面的程序内容为 a="test1"。

还有一个主程序 main.py。这时想要在使用 t1 模块的同时也使用 t2 模块中的函数和变量。即需要嵌套使用,那么这时候需要怎样操作。如果直接在 main 模块中输入以下程序:

```
import t1
print(t1.a)
print(t1.t2.b)
```

结果:

```
'test1'
AttributeError: module 't1' has no attribute 't2'
```

由上述程序运行的结果可以知道,直接这样操作是不行的。这里需要注意模块的导入原理。这里的 main.py 是启动文件,导入模块会优先从 main.py 所在的目录中开始寻找。如果需要导入的模块在当前工作目录中没有,那么会从 PYTHONPATH 中寻找。

那么要解决这个问题,一个简单的方法就是在 t1 模块中导入 t2 模块,使用语句 from test2 import t2。这时再在 main 模块中运行程序:

```
import t1
print(t1.a)
print(t1.t2.b)
```

结果:

```
test1
test2
```

程序可以正常运行,需要注意的是在导入的模块中又导入别的模块,那么 import 需要的起点,以启动文件所在目录为起点。如果需要导入的模块不在路径列表中,则可以在 PYTHONPATH 中添加路径,这里添加下次进入路径依然存在,也可以在 sys.path 中追加,但是程序结束,第二次进来的时候追加的路径就没有了,还需重新追加,才可使用。

4.3.5 模块对象属性

在 Python 中,存在模块所共有的一些属性。如 __name__、__doc__ 和 __file__ 等。

1. __name__

表示当前模块的名称。在编程实践中,为了便于在模块中添加测试信息,但又不影响其他模块的调用,则可以使用 __name__ 属性。例如:

```
#test.py 模块
def test_a(x,y):                    #自定义函数
    return x * y - 1
#测试内容
t = test_a(1,2)
print('自定义函数得出的值为:',t)
```

【例 4.23】 试运行一下程序,并分析结果。

```
import test                         #导入 test 模块
t = test.test_a(2,3)
print('导入模块运行的结果为:',t)
```

结果:

```
测试函数得出的结果为:1
导入模块运行的结果为:5
```

由上述程序运行的结果可以看出,在导入 test 模块的同时,测试的代码也执行了。但是这并不是我们想要的结果,因为在导入模块时,只想导入其变量和函数,而对于测试代码却只想它仅仅在当前模块运行时使用,是用来测试模块的。

为了解决这个问题,便可以用到 Python 的模块属性 __name__。每个 Python 模块在运行时都会有一个 __name__ 属性,当作为模块导入时,属性 __name__ 的值被自动设置为模块

名。若作为程序直接运行,则其__name__属性被自动设置为字符串"__main__"。故想要在引入模块时,模块中的一部分程序代码不执行,便可以通过__name__属性来实现。

例如,想要在执行test.py模块时测试代码被执行,而在test.py作为导入模块时,不执行测试代码,那么可以将test.py模块中的文件修改为

```
def test_a(x,y):                          # 自定义函数
    return x * y - 1
# 测试内容
if __name__ == "__main__":                # 识别当前运行程序
    t = test_a(1,2)
    print('测试函数得出的结果为: ',t)
```

当导入模块时:

```
import test
t = test.test_a(2,3)
print('导入模块运行的结果为: ',t)
```

结果:导入模块运行的结果为: 5

2. __doc__

此属性主要是返回注释信息。注意,必须是三引号的注释,其他注释类型是不会被识别和返回的,主要是理解模块的作用。例如在test.py模块中添加注释信息。

```
'''
    此模块是自定义模块
'''
def test_a(x,y):                          # 自定义函数
    return x * y - 1
import test
print(test.__doc__)
```

结果:此模块是自定义模块

3. __file__

而__file__属性主要是返回当前文件的绝对路径,而在终端直接运行时,返回的则是文件本身。所以在需要使用绝对路径时,推荐使用os模块中的os.path.abspath函数,此函数得出的无论在终端还是在代码中输出的都是绝对路径。例如:

```
import test
print(test.__file__)
import os
os.path.abspath(test.__file__)
```

结果:

'G:\\jupyter notebook\\Python自编教材\\test.py'
'G:\\jupyter notebook\\Python自编教材\\test.py'

程序在终端会返回test.py。

4.4 模 块 包

4.4.1 包的基本结构

包是一种管理 Python 模块命名空间的形式。为了组织好模块,将多个功能有联系的模块放在一个包内,便于模块的管理和使用,同时也能够有效避免模块名称的冲突问题,让应用组织结构更加清晰。其实包就是文件夹,但是在该文件夹下必须存在__init__.py 文件。例如在 test 文件中存在两个模块 t1.py 和 t2.py,如果分开导入,则:

```
from test import t1
from test import t2
```

结果:

```
print(t1.a)
print(t2.b)
```

而如果想一次性导入所有的模块,程序如下:

```
from test import *
print(t1.a)
print(t2.b)
```

结果:NameError: name 't1' is not defined

由程序结果可知,t1 模块找不到。必须在目录中包含__init__.py 文件,才被认为是一个包,模块才会被成功导入,而且一定要在文件中写入属性__all__。

在模块中不使用__all__属性,则会导入模块内的所有公有属性、方法和类。若在模块中使用__all__属性,则表示只会导入__all__中指定的属性,故使用属性__all__可以隐藏不想被 import 的默认值。__all__属性是一个字符元素组成的列表,它定义了我们在使用 from module import * 导入模块中的变量、函数和类,而其对 from module import function 这种导入方式没有什么影响。例如,在 test 文件夹下增加一个__init__.py 的模块,并在这个模块中写入__all__=["t1","t2"],则 test 这个文件夹现在就是一个包了(目录如图 4.5 所示)。

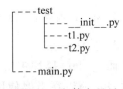

图 4.5 文件夹目录

4.4.2 导入包

由 4.4.1 中创建好包之后,便需要导入包,导入包时也和模块一样,Python 都是从 sys.path 中的目录来寻找包中的子目录。且仍是使用 import、from…import 关键字来导入包,使用"点模块名"的结构化模块命名空间。如 A.B 即表示一个包 A 中的一个子模块 B。

使用 import 关键字直接导入包中特定的模块。语法为

```
import 包名.模块名
```

调用就直接用包名.模块名.函数名来调用即可。例如：

```
import test.t1
print(test.t1.a)
```

结果：test1

和模块一样也可以使用 from…import 来导入模块，其中 from 包名 import 模块名，和模块的相似性在这里就不赘述了，还有另一种就是可以使用 from 包名 import * 来一次性导入所有的模块，还可以使用属性__all__来限制隐藏模块。例如，将属性设置为__all__=['t1','t2']，则程序的输出结果为

```
from test import *
print(t1.a)
print(t2.b)
```

结果：

test1
test2

与 4.4.1 的程序相比，当其是一个包时，便可以将模块导入了。又如将属性设置为__all__=['t1']，再运行程序。

```
from test import *
print(t1.a)
print(t2.b)
```

结果：

test1
NameError: name 't2' is not defined

由程序的运行结果可知，这时 t2 模块将不存在。

4.4.3 相对导入

包的导入有绝对导入和相对导入，相对导入和绝对导入仅针对包内导入而言，包内导入即是包内的模块导入包内部的模块。绝对导入时绝对路径，绝对路径是使用项目根文件夹中的完整路径指定要导入的包，绝对导入的格式为 import A.B 或 from A import B。如果是绝对导入，一个模块只能导入自身的子模块或和它的顶层模块同级别的模块及其子模块。在导入包的过程中，一般建议使用绝对导入，因为它非常清晰和直接，能很容易地确定导入资源的确切位置，还可以避免与标准库命名的冲突。但是有时候绝对导入会变得很冗长，这样导入用起来就会变得很复杂，而这时候便可以用相对导入来代替。

相对导入可以避免硬编程带来的维护问题，如修改某一个顶层包的名字后，导致其子包所有的导入就都不能用了。一个模块必须有包结构且只能导入它的顶层模块内部的模块。故若一个模块能被直接运行，则它自己为顶层模块，便不存在层次结构，也就找不到其他的相对路径，所以存在相对导入语句的模块，不能直接运行，否则程序会报错。例如，在 test

包中有 t1.py 模块和 t2.py 模块，t2 模块中的函数代码为

```
def test_b():
    print('this is t2')
```

t1 模块中的代码为

```
def test_a():
    print('this is t1')
```

如想要直接在 t1 模块中使用相对路径调用 t2 模块中的函数，可直接在主函数中输入程序：

```
from .t2 import test_b
print(test_b())
```

结果：ModuleNotFoundError: No module named '__main__.t2'; '__main__' is not a package

程序运行的结果出现异常，即若直接执行一个模块，那么他的__name__属性为"__main__"，Python 会直接认为这个模块是最顶层的模块，而不管这个模块在文件系统中的实际位置。即如果一个模块中使用了相对导入，那么此模块便不能作为程序启动入口，即不能直接运行模块 a。那么使用相对导入其实就和之前学习的嵌套导入有点儿类似，即如果想在 t1.py 中使用相对导入来导入 t2，则需要在 t1.py 内添加程序：

```
from .t2 import test_b
print(test_b())
```

然后再在主函数中执行以下程序：

```
from test1.t1 import test_a
print(test_a())
```

结果：

```
this is t2
this is t1
```

4.5 编 程 实 践

【例 4.24】 设计一个 ATM 机存取款的过程，其中包括密码判断、存款、取款和查询操作。

问题分析：要设计一个 ATM 机存取款，首先需要有一个密码判断的函数，来判断用户输入的密码是否正确，若正确则可以进行下面存取款和查询操作，否则则提示用户需要重新进行输入，输入的次数不能是无限多次，这里可以设置一个阈值，如 3 次之后便提醒用户您的卡已被冻结。然后便是编写相应的存取款和查询功能模块，需要提示用户输入金额，ATM 机只能输出 100 元的纸币，一次性存取钱数也需要限制，如最低 0 元，最高 1000 元，若用户输入的金额符合上述要求，则存取钱成功。最后提示用户"交易完成，请取卡！"否则需要提示用户重新输入金额。假设用户密码是"888888"，用户的账户余额为 300 元。

参考代码如下：

```python
#判断密码
def packaWord(str):
    pakaword = '888888'
    if str == pakaword:
        return True
#主程序
i = 1
pw = input('请输入密码：')
while True:
    if packaWord(pw):
        order = input('请做出相应的操作 1、存款；2、取款；3、查询；0、退出(请输入对应的数字)：')
        if order == '1':
            banlance = 300
            print('用户进行存款操作！')
            num = int(input('请输入存款金额：'))
            if num % 100 == 0 and num >= 0 and num <= 1000:
                banlance += num
                print('您已存入%d元钱！'% num)
            else:
                print('金额输入有误,请重新输入！')
        elif order == '2':
            print('用户进行取款操作！')
            num = int(input('请输入取款金额：'))
            if num % 100 == 0 and num >= 0 and num <= 1000 and num <= banlance:
                banlance -= num
                print('您已取走%d元钱！'% num)
            else:
                print('金额输入有误,请重新输入！')
        elif order == '3':
            print('用户进行查询操作！')
            print('当前用户的账户余额为：',banlance)
        elif order == '0':
            print('交易完成,请取卡！')
            break
        else:
            print('请输入正确的操作数字！')
    else:
        i += 1
        print('密码错误！')
        pw = input('请输入密码：')
        if i >= 3:
            print('您密码输错3次,账号已被冻结,请取卡！')
            break
```

结果：

请输入密码：888888
请做出相应的操作 1、存款；2、取款；3、查询；0、退出(请输入对应的数字)：1
用户进行存款操作！

请输入存款金额:300
您已存入 300 元钱!
请做出相应的操作 1、存款;2、取款;3、查询;0、退出(请输入对应的数字):3
用户进行查询操作!
当前用户的账户余额为:600
请做出相应的操作 1、存款;2、取款;3、查询;0、退出(请输入对应的数字):2
用户进行取款操作!
请输入取款金额:200
您已取走 200 元钱!
请做出相应的操作 1、存款;2、取款;3、查询;0、退出(请输入对应的数字):3
用户进行查询操作!
当前用户的账户余额为:400
请做出相应的操作 1、存款;2、取款;3、查询;0、退出(请输入对应的数字):1
用户进行存款操作!
请输入存款金额:20
金额输入有误,请重新输入!
请做出相应的操作 1、存款;2、取款;3、查询;0、退出(请输入对应的数字):1
用户进行存款操作!
请输入存款金额:200
您已存入 200 元钱!
请做出相应的操作 1、存款;2、取款;3、查询;0、退出(请输入对应的数字):3
用户进行查询操作!
当前用户的账户余额为:500
请做出相应的操作 1、存款;2、取款;3、查询;0、退出(请输入对应的数字):0
交易完成,请取卡!

【例 4.25】 编写一个函数,输入 n 为偶数时,调用函数 $1/2+1/4+\cdots+1/n$,当输入 n 为奇数时,调用函数 $1/1+1/3+\cdots+1/n$。

问题解答分析:依据题目可以知道,分为偶数和奇数是不同的函数,那么可以写偶数一个模块,奇数一个模块,最后再写一个主函数即可。

参考代码如下:

```python
# 偶数时调用的函数
def EvenSum(n):
    x = 0
    for i in range(2, n + 2, 2):
        x += 1/i
    return x
# 奇数时调用的函数
def OddSum(n):
    x = 0
    for i in range(1, n + 1, 2):
        x += 1/i
    return x
# 主函数
def main():
    # 接收一个数字
    num = int(input('请输入一个数字: '))
    # 判断奇偶
    if num % 2 == 0:
```

```
            k = EvenSum(num)
            print('偶数的分数积是: %f'%k)
        else:
            k = OddSum(num)
            print('奇数的分数积是: %f'%k)
#调用主函数
main()
```

结果:

请输入一个数字: 12
偶数的分数积是: 1.225000

习　　题

1. 选择题

(1) 使用(　　)关键字创建自定义函数。
　　A. function　　　　B. func　　　　C. def　　　　D. procedure

(2) 下面关于函数的说法,正确的是(　　)。
　　A. 调用函数时,传入参数的顺序和函数定义的顺序一定得相同
　　B. 函数变量的作用域都是整个程序
　　C. 函数带有默认值的参数一定位于参数列表的末尾
　　D. 函数体中如果没有 return,函数返回 None

(3) 使用(　　)关键字定义匿名函数。
　　A. def　　　　B. function　　　　C. lambda　　　　D. main

(4) 下列不是内置函数的是(　　)。
　　A. abs()　　　　B. size()　　　　C. len()　　　　D. sum()

(5) 使用(　　)关键字来导入模块。
　　A. del　　　　B. from　　　　C. import　　　　D. imp

(6) 关于__name__属性,下列说法错误的是(　　)。
　　A. 是函数自带的一个方法
　　B. 值为"__main__"时,表示在模块程序内运行
　　C. 值为模块名时,表示模块被别的模块引用
　　D. 主要是用来测试程序,而不影响导入此模块

(7) 关于函数,以下选项中描述错误的是(　　)。
　　A. 函数能完成特定的功能,对函数的使用不需要了解函数内部实现原理,只要了解函数的输入/输出方式即可
　　B. 使用函数的主要目的是降低编程难度和代码重用
　　C. Python 使用 del 关键字定义一个函数
　　D. 函数是一段具有特定功能的、课中重用的语句组

2. 填空题

(1) 定义函数时的参数叫_____,调用函数时的参数叫_____。

(2) 使用_____语句可以查看 Python 中的内置函数。
(3) 如果想将局部变量修改为全局变量，需要使用关键字_____。
(4) 在一个模块中导入另一个模块，可以使用关键字_____。
(5) 当使用关键字 import 导入模块后，调用模块中的函数的格式为_____。
(6) 包的导入有哪两个方式_____。
(7) 下面程序的执行结果为_____。

```
s = 0
for i in range(1,101):
    s += i
else:
print(1)
```

(8) 下面程序的执行结果为_____。

```
def  test():
    x = 10
x = 2
test()
print(x)
```

(9) 下面程序的执行结果为_____。

```
def test(x,y):
    global b
    b = 3
    c = a + b
    return c
a = 1
b = 2
c = test(x,y)
print(a,b,c)
```

3. 编程题

(1) 定义一个函数，实现两个数的四则运算，注意有 3 个参数，分别是运算符和用于运算的数字，且数字和运算符需要接收用户输入的值。

(2) 使用高阶函数，格式化用户的英文名，要求首字母大写，其他字母小写。

(3) 编写函数，判断一个整数是否为回文数，即正向和逆向都相同，如 1234321。

(4) 计算 1!＋2!＋3!＋…＋10! 的值并输出。

第 5 章

面 向 对 象

面向对象编程(Object Oriented Programming,OOP),能够很好地管理代码,提高代码的重复使用率和设计方式的使用率,同时也使得代码具有更好的可读性和可扩展性,它已经超越了程序设计和软件开发,扩展到数据库系统、分布式系统、网络管理、CAD 技术、人工智能等领域。是一门高级动态编程语言,是对现实世界理解和抽象的方法。

本章先会介绍面向对象编程的一些基本的概念,如类的定义、对象的创建、方法的定义;然后介绍面向对象的三大特征:封装、继承和多态;最后通过案例让使用者巩固面向对象编程的思路。

本章主要内容:
- 理解面向对象程序设计思想;
- 掌握类的定义和使用方法;
- 掌握对象的属性和方法;
- 掌握面向对象三大特征封装、继承、多态及其定义和使用方法;
- 了解调用超类的构造方法和多重继承;
- 掌握加法运算符和索引分片运算符的重载。

5.1 Python 的面向对象

计算机的编程思维主要有面向过程和面向对象两种编程思想。面向过程顾名思义注重的是过程,主要是分析问题所需的所有步骤,然后自上而下逐步去解决问题,需要保证每个步骤的周全。是一种基础的顺序思维方式。

而面向对象则更加注重对象,是把现实中的事物抽象成对象的概念,然后给对象赋一些属性和方法,然后让每个对象去执行自己的方法。基本思想是一切皆对象,是一种自下而上的设计思想,具有易维护、易复用、易扩展等特性。

5.1.1 Python 的类

Python 是面向对象的脚本语言,其有两个非常重要的概念:类和对象。类是一群具有相同特征和方法的一组对象的抽象。它定义了该集合中每个对象所共有的属性和方法,属性是说这个东西是什么,方法是说这个东西能做什么。类是对象的类型,具有相同属性和行为事物的统称。类是抽象的,在使用时通常会找到这个类的具体存在。例如,可以将学校中的学生看成一个类,他们都有相同的特征,如学号、姓名、性别;相同的行为,如选课、上课、考试。教师也可以看成是一个类,他们都有相同的特征,如工号、姓名、性别;相同的行为,如备课、授课、解惑,如图 5.1 所示。

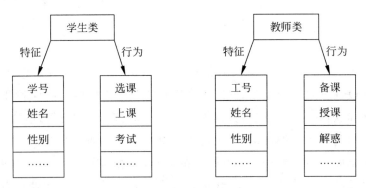

图 5.1 学生类(左)和教师类(右)

5.1.2 Python 中的对象

万物皆对象,对象拥有自己的特征和行为,是自然界中具体的存在,是类实例化出来的对象,故对象也称为实例。Python 中的一切都是对象,无论是字符串、函数还是类都是对象。如上面提到的学生类,它们拥有的共同属性学号、姓名、性别等,方法即行为是都可以选课、上课、考试。实例化之后可以有张三、李四、王二、麻子,如图 5.2 所示。

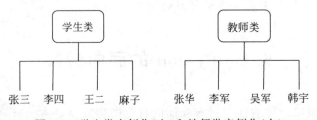

图 5.2 学生类实例化(左)和教师类实例化(右)

图 5.2 即为学生类和教师类的对象和实例化的关系,只要能满足上述特征和行为的就是这个类实例化出来的对象。实例化对象在现实生活中是具体存在的。

5.2　类的定义和使用

面向对象编程的思想是把事物的特征和行为包含在类中。其中事物的特征作为类中的变量，事物的行为作为类的方法，对象是类的一个实例。故在创建一个对象之前需要先定义类。而要定义类，就要抽象找出共同方面的特征（或属性）和方法。

定义类的基本语法如下：

```
class 类名：
    类体
```

类体中包含属性和方法，属性用来描述数据，方法（即函数）用来描述这些数据相关的操作。即类由三部分组成，包括类名、属性、方法。类名的设置必须符合标识符的规则，且一般规定首字母大写，多个单词使用驼峰原则。

例如，定义一个人类，类体中包含姓名、年龄、性别特征和吃饭的行为，代码如下：

```
#定义类
class Person:
    #定义类中的特征
    name = 'tom'
    age = 18
    sex = 'm'
    #定义类中的方法
    def eat(self):
        Print('tom 正在吃饭')
```

上面定义的是一个 Person 类使用 class 关键字，可以发现类中的方法也使用的是关键字 def 定义的，所以它也是函数，但是仔细看就会发现后面的括号与之前学过的函数又略有不同。类中的函数都有第一个默认参数 self，这也是类中函数的特色，为了和之前的函数区别开来，所以一般在类里不叫函数，而是叫方法，但其本质和函数一样。

定义类之后，得到一个抽象的类。想要完成具体的功能，需要创建实例对象来使用类中的变量和方法。Python 中，创建对象的语法格式如下：

```
对象名 = 类名()
```

创建完对象后，便可以使用对象名来访问类中的变量和方法，具体操作语法为

```
对象名.类中的变量名
对象名.方法名([参数])
```

都是使用对象名加点来访问，和函数的访问方式类似。下面通过案例来强化类的定义和使用。

【例 5.1】　定义类 Person，现创建一个 person01，并访问类中的变量和方法。

参考代码如下：

```
class Person:
    #定义类中的特征
```

```
        name = 'tom'
        age = 18
        sex = 'm'
    #定义类中的方法
    def eat(self):
        print('tom 正在吃饭')
person01 = Person()         #创建类 Person 的一个对象,并用变量 person01 保存它的引用
person01.eat()              #调用 eat()方法
print('我叫%s,今年%d'%(person01.name,person01.age))    #调用类变量
```

结果:

```
tom 正在吃饭
我叫 tom,今年 18
```

5.3 对象的属性和方法

5.3.1 对象的属性

类的属性分为类属性和实例属性(对象属性),也叫类变量和实例变量。

1. 类属性

类属性(类变量)是定义在类体中且在函数体之外的变量。所有类的实例化对象都同时共享类变量,即类变量在所有实例化对象中是作为共用的。在类外使用类属性可以通过类对象和实例对象访问。调用类属性的方法如下:

类名.类属性名
实例名.类属性名

如 Person 类,调用类属性代码如下:

```
person01 = Person()
print(Person.name)
print(person01.name)
```

结果:

```
tom
tom
```

如需在类外修改类属性,则必须通过类对象去引用然后修改。如果通过实例对象去引用,会产生一个同名的实例属性,这种方式修改的是实例属性,不会影响到类的属性,并且如果通过实例对象引用该名称的属性,实例属性会强制屏蔽类属性,即引用的是实例属性,除非删除该实例属性。代码如下:

```
person01 = Person()
print(Person.name)
print(person01.name)
Person.name = 'susan'       #使用类名修改类属性
print(Person.name)
```

```
print(person01.name)
person01.name = 'tim'          #使用实例对象修改类属性
print(Person.name)
print(person01.name)
```

结果：

```
tom
tom
susan
susan
susan
tim
```

2. 实例属性

实例属性(实例变量)是定义在构造方法__init__(self...)内的变量。__init__()是一种专属于类的特殊方法,称为类的构造函数或初始化方法,注意此方法的前面和后面都有两个下画线,主要是为了避免和Python中其他默认的方法和普通的方法发生名称的冲突。当在创建类的实例化对象的时候,__init__()方法都会默认被运行,作用即是初始化已实例化后的对象。定义此方法时,第一个参数self是必不可少的,这也是区别类的方法和普通函数的区别,但注意self不是关键字,可以使用其他单词取代,但是Python中一般按照惯例和标准,推荐使用self。self是个对象,是当前类的实例。在内部调用时需要加上self,外部调用时用实例化对象名调用。调用的方法如下：

类内部调用：self.属性名
类外部调用：实例化对象名.属性名

【例 5.2】 阅读下列程序,并分析结果。

```
#定义类
class Person:
    '''
        类说明：创建一个关于人的类
    '''
    #通过构造方法__init__()来创建实例属性,在实例化对象的时候自动调用
    def __init__(self,name,age,sex):
        self.name = name
        self.age = age
        self.sex = sex
    #定义类中的方法
    def eat(self):
        #内部调用属性
        print('%s正在吃饭,今年%d岁了!'%(self.name,self.age))
person02 = Person('tom',18,'w')     #实例化对象
print(person02.name)                #类外调用属性
person02.eat()
```

实例属性只作用于当前实例化的类,在使用过程中尽量把用户传入的属性作为实例属性,而把类中都一样的属性作为类属性。实例属性在每创造一个类时都会初始化一遍,不同

的实例化的实例属性可能不同,但不同的实例的类属性是相同的。

3. 访问对象的属性

在 Python 中,有几个内建方法,可以用来检查或者访问对象的属性。这些方法可以用于任意对象。包含 dir、hasattr、getattr、setattr、delattr 等几个方法,下面依次对其进行讲解。

(1) dir([obj])。此方法主要用于返回包含 obj 大部分的属性名的列表(一些特殊的属性除外)。

(2) hasattr(obj,name)。调用此方法主要是为了用于检查 obj 是否有一个名为 name 的属性,返回一个布尔值。

(3) getattr(obj,name[,default])。调用此方法将会返回 obj 中名为 name 属性的值,若类中没有改属性则会报错。

(4) setattr(obj,name,value)。调用该方法是为了给 obj 中名为 name 的属性赋值为 value,若属性不存在,则会创建一个新的属性。

(5) delattr(obj,name)。调用此方法是为了删除 obj 中的名为 name 的属性。

注意:其中的 name 需要交单引号,obj 是当前实例化对象的名称。

例如,对例 5.2 题中的实例化对象 person02 进行上述函数的操作使用,程序如下:

```
print(dir(person02))
print(hasattr(person02,'age'))
print(getattr(person02,'age'))
```

结果:

```
['__class__', '__delattr__', '__dict__', '__dir__', '__doc__', '__eq__', '__format__', '__ge__',
'__getattribute__', '__gt__', '__hash__', '__init__', '__init_subclass__', '__le__', '__lt__',
'__module__', '__ne__', '__new__', '__reduce__', '__reduce_ex__', '__repr__', '__setattr__',
'__sizeof__', '__str__', '__subclasshook__', '__weakref__', 'age', 'eat', 'name', 'sex']
True
18
```

5.3.2 对象的方法

在 Python 中,类的方法有三种,分别是对象方法(实例方法)、静态方法和类方法。下面分别对这三种方法的定义和调用进行分析讲解。

1. 对象方法

对象方法,即实例方法,就是类的实例能够使用的方法。一般情况下,在类中定义的方法默认都是实例方法。不仅如此,其实类的构造方法理论上也属于实例方法,只不过它比较特殊。实例方法最大的特点就是,此方法至少要包含一个 self 参数,用于绑定调用此方法的实例对象。实例方法的语法如下:

```
def 方法名(self,...):
    方法体
```

实例方法区别于普通函数的地方在于,实例方法的第一个参数是 self。定义之后便是

需要调用分为在类内部调用和在类外部调用方法。

类的内部调用：self.方法名(参数列表),或者类名.方法名(参数列表)

类的外部调用：对象名.方法名(参数列表)

例如,下面 Person 类中,定义的构造方法和定义的 eat 函数就是实例方法。程序代码如下：

```
#定义类
class Person:
    def __init__(self,name,age,sex):
        self.name = name
        self.age = age
        self.sex = sex
    def eat(self):                          #实例方法
        print('%d 岁的 %s 正在吃饭!'%(self.age,self.name),end = ' ')
    def sleep(self):                        #实例方法
        self.eat()                          #在类内部调用方法
        print('30 分钟之后 %s 就睡着了!'%(self.name))
person02 = Person('tom',18,'w')             #实例化对象
person02.sleep()                            #在类外部调用方法
```

结果：18 岁的 tom 正在吃饭! 30 分钟之后 tom 就睡着了!

2. 静态方法

在 Python 中,静态方法是类中的函数,不需要实例,不能访问实例属性,主要是用来存放逻辑性的代码,属于类但是和类本身没有关系。静态方法没有类似 self、slc 的特殊参数,所以 Python 解释器便不会对它包含的参数做任何类或对象的绑定,故静态方法是无法调用任何类属性和类方法,相当于独立的、单纯的函数。而在类中定义静态方法时,需要在类函数前面加上装饰器@staticmethod 来装饰,以表示下面的函数是静态方法。定义静态方法的语法如下：

```
@staticmethod
def 方法名():
    方法体
```

因为其可以不需要实例,所以调用时直接用类名.方法名来调用此方法。

例如,需要定义一个关于时间操作的类,其中编写一个获取当前时间的静态方法。程序代码如下：

```
#定义类
import time
class TimeTest:
    #定义静态方法
    @staticmethod
    def timeInfo():
        print(time.strftime('%H:%M:%S',time.localtime()))
#调用静态方法
TimeTest.timeInfo()
```

结果：21:27:59

3. 类方法

类方法是将类本身作为对象进行操作的方法。在定义该方法时第一个参数总是定义该方法的类对象,按照习惯通常使用的都是 cls,任何时候定义类方法都是必需的。Python 解释器会自动将类本身绑定给 cls 参数,在调用类方法时,不需要显式为 cls 参数传参。故也不能访问实例属性,这也是类对象 cls 和实例对象 self 的区别,在类方法中调用类属性使用 cls. 类属性名,且需要使用@classmethod 修饰符来进行修饰。定义类方法的语法如下:

```
@classmethod
def 方法名(cls,…):
    方法体
```

和静态方法类似,都不需要实例,不能访问实例属性,所以调用时建议采用类名.方法名来调用类方法。

【例 5.3】 编写一个包含类方法的 Person 类,并调用它。

参考代码如下:

```
class Person():
    country = '中国' #声明类属性
    #创建一个类方法
    @classmethod
    def show(cls):
        print('我是%s人' % cls.contry)
#通过类名来调用方法
Person.show()
```

结果:我是中国人

5.3.3 类的"伪私有"属性和方法

在 Python 中,默认的函数和变量都是公开的,对于私有属性和方法,没有类似的语言 public、private 等关键字来修饰。在某种情况下,需要更好地保证属性和方法的安全,使之不能随意被外界访问和修改,那么就会将其设置为私有属性和方法。Python 要声明私有属性和方法,只需要在属性和方法前加上两个下画线"__",则此属性和方法就是私有的了。私有属性和方法可以在类内部使用,在类外不可以访问且父类的私有属性和方法在子类中也不可以访问。定义私有属性和方法的语法如下:

```
属性:__属性名
方法:__方法名
```

即与一般的属性和方法相比多了两个下画线"__",即私有属性。在类的内部调用可以使用对象名、属性名来调用。

【例 5.4】 阅读下面程序,并分析结果。

```
class Person:
    country = '中国'
    def __init__(self,name,age,sex,address):
        self.name = name
```

```
            self.age = age
            self.sex = sex
            self.__address = address        #私有属性
        def __private(self):
            print('我喜欢的是%s春天'%self.__address)        #调用私有属性
        def getInfo(self):
            self.__private()                #调用私有方法
            print('我的名字叫:%s,我来自:%s,我住在:%s'
%(self.name,Person.country,self.__address))
#主函数
people = Person('frank',20,'男','上海')
people.getInfo()
```

结果:

我喜欢的是上海春天
我的名字叫:frank,我来自:中国,我住在:上海

从上面程序的运行结果可以看出,私有属性和方法可以在类内使用对象名、属性名来调用。假如我们在类外进行调用,得出的结果是:

```
print(people.__address)
```

结果:

```
AttributeError: 'Person' object has no attribute '__address'
print(people.__private())
```

结果:`AttributeError: 'Person' object has no attribute '__private'`

可以发现都是 AttributeError 错误,即 Python 找不到这个属性或方法。虽然设置的私有属性和方法不能直接通过对象访问,在 Python 中没有访问控制的概念,不像 Java、C++等语言,它们比较规范,有公有的、私有的和保护的数据类型,而 Python 的类是没有权限控制的,所有的变量都是可以被外部调用的。这是因为设计 Python 的哲学思路就是假定使用者都会使用,不需要设计者规定访问权限,既简单又人性化。

故 Python 的类是没有权限控制的,所有变量都是可以被外部调用的,只是对名称做了一些特殊处理,使得在类外无法私有属性和方法虽然不能直接访问,但还是可以被外部访问的。这也是为什么它被叫伪私有的原因。如果想要在外部调用,调用的语法如下:

私有属性:实例._类名__变量名
私有方法:实例._类名__方法名

【例 5.5】 阅读下面程序,并分析结果。

```
class Person:
    country = '中国'
    def __init__(self,name,age,sex,address):
        self.name = name
        self.age = age
        self.sex = sex
        self.__address = address        #私有属性
```

```
        def __private(self):                  #私有方法
            print('我喜欢的是%s春天'%self.__address)
        def getInfo(self):
            self.__private()
            print('我的名字叫：%s,我来自：%s,我住在：%s'%(self.name,Person.country,self.__address))
#主程序
people = Person('frank',20,'男','上海')
people.getInfo()
print(people._Person__address)                #调用私有属性
people._Person__private()                     #调用私有方法
```

结果：

我喜欢的是上海春天
我的名字叫：frank,我来自：中国,我住在：上海
上海
我喜欢的是上海春天

5.3.4 构造方法和析构方法

在Python的类中，有两个特殊的方法，即构造方法和析构方法。它们都会在程序执行时被程序调用，在类中不是必要一定存在的，都只是在需要的时候才被定义。

1. 构造方法

构造方法是一个特殊的方法，在对象实例化时会自动被调用，这也是此方法与其他普通方法的不同之处，也被称为魔法方法或初始化方法。因为这个方法会在对象实例化时能自动调用，且实例化对象的参数也会自动传入此方法中，它的作用是把需要初始化的属性都放在里面。在Python中直接提供__init__()方法创建，创建语法如下：

```
def __init__(self,name):
```

在此方法中，括号内有两个参数，第一个参数self表示创建类后初始化当前的实例化对象。它不是关键字，可以使用其他的名称代替，但推荐使用self。第二个参数name，是需要初始化的一些特征的名称，一般是self.name=name，表示的是将外部传入的参数name的值赋值给这个类的当前实例对象自己的实例属性name，前面的参数self.name代表的是实例的属性，而后面的name表示的是__init__()方法的参数，两者是不一样的。

在构造方法中定义的变量是对象变量，即是一个局部变量，不是类变量。若在Python中定义类时没有定义构造方法，则在类实例化时系统会自动调用默认的无参数的构造方法。当然在类中也可以定义多个构造方法，但是实例化时只会实例化最后的构造方法，因为前面的构造方法会被后面的构造方法所覆盖，故建议在类中只定义一个构造方法。

【例5.6】 阅读下面程序，并分析程序运行结果。

```
class Person:
    def __init__(self,name,age,sex,address):
        self.name = name
        self.age = age
        self.sex = sex
```

```
        print('创建实例化对象时会直接被调用哦!')
people = Person('frank',20,'男','上海')
```

结果：创建实例化对象时会直接被调用哦!

从上面程序的运行结果可以看出，仅仅只是在实例化对象的时候，构造方法就会被调用，在创建构造方法时第一个参数是必须要的，但是在实例化对象传入参数时，是不需要给 self 传递参数的，这也是构造方法与普通方法的一个很大的区别之处。

2. 析构方法

析构方法一般也无须定义，Python 是一门高级语言，程序员在使用时无须关心内存的分配和释放，因为 Python 解释器会自动执行。析构方法是在实例化对象之后自动最后执行的方法，主要用于回收对象释放资源。执行此方法后，对象便不能继续被引用。当对象在某个作用域中调用完毕，在跳出其作用域的同时析构函数会被调用来释放内存空间。在 Python 中使用 __del__() 来创建，析构方法 __del__() 和构造方法 __init__() 一样都是可选的，如果不提供，Python 程序会在后头提供默认的析构方法。下面使用例题来展示析构方法是如何释放资源的。

【例 5.7】 试运行以下程序，并分析结果。

```
class Person():
    def __init__(self):              #构造方法
        print ('构造方法被调用,初始化.')
    def __del__(self):               #析构方法
        print('析构方法被调用,释放内存.')
people = Person()
print('程序运行结束!')
```

结果：

构造方法被调用,初始化.
析构方法被调用,释放内存.
程序运行结束!

从上述程序可以看出，不用调用 __del__ 方法，当对象所在的函数已经调用完毕，系统会自动执行析构方法，所以会先执行脚本最后一句"程序运行结束!"最后才执行析构方法打印其中的"析构方法被调用,释放内存"。

除了这种程序自动调用的隐式方式外，Python 还提供了显式操作方法，直接使用 del 函数进行删除对象，也会调用它本身的析构方法，相当于手动释放内存。

【例 5.8】 试运行以下程序，并分析结果。

```
class Person():
    def __init__(self):
        print('构造方法被调用,初始化.')
    def __del__(self):
        print('析构方法被调用,释放内存.')
#实例化对象
people = Person()
#删除对象
del people
```

```
print('程序运行结束!')
```

结果：

构造方法被调用,初始化.
析构方法被调用,释放内存.
程序运行结束!

程序运行结果与例 5.7 进行比较可以发现,程序运行的结果顺序发生了改变,因为本例题使用了 del 函数手动删除对象,即提前调用了析构方法,所以结果先输出构造方法,然后是 del 函数的析构方法,最后才到程序结束。

5.4 类的继承

面对对象编程有三大特征,分别是封装、继承、多态。封装是面向对象编程的第一步,将属性和方法封装在一个抽象的类中,在类外创建实例化对象,使用实例化对象去调用类中的属性和方法。多态是以封装和继承为前提,表示在不同的子类对象调用相同的方法,产生不同的执行结果,以增强代码的灵活度。继承是实现代码的重复使用率,即相同的代码不需要重复的编写。下面将详细介绍继承这个特征。

5.4.1 普通继承

继承是指多个类之间的一种所属关系。例如学生和教师都是属于人类,即学生和教师继承自人类,学生和教师可以使用人类的所有功能,并在无须重新编写原来的类的情况下对这些功能进行扩展。通过继承创建的类称为子类或派生类,如学生和教师。被继承的类称为基类、父类、超类,如人类。继承的过程是从一般到特殊。子类会继承父类中的属性和方法,简化了子类的设计问题,便于后期的维护和升级。继承也极大程度地减少了代码中的荣誉程度。继承分为单继承和多继承,单继承即普通继承。在 Python 中一个子类只继承了一个父类就叫作单继承。子类的语法定语如下:

```
class 子类名(父类名):
    类体
```

那么子类就可以继承父类的所有公共属性和方法,而不能继承父类的私有属性和方法,下面利用例题对其进行实践理解。

【例 5.9】 单继承示例。

参考代码如下:

```
#定义一个父类
class Person:
    name = '中国'
    age = 20
    def __private(self):                    #私有方法
        print('我喜欢的是%s春天'% Person.name)
    def getInfo(self):
        print('我的名字叫: %s,今年%d岁了!'%(Person.name,Person.age))
```

```python
#定义一个子类
class Student(Person):
    pass
student = Student()                              #创建一个实例化的学生对象
print('Student 类中的 name 为: ',Student.name)    #输出学生的名字
print('Student 类中的 age 为: ',Student.age)      #输出学生的年龄
student.getInfo()                                #调用父类方法用于输出
student.__private()                              #调用父类私有方法
```

结果：

```
Student 类中的 name 为: 中国
Student 类中的 age 为: 20
我的名字叫: 中国,今年 20 岁了!
AttributeError: 'Student' object has no attribute '__private'
```

从上述程序中可以看出,定义的父类 Person 类中,有一个 name 属性和 age 属性,还有一个 getInfo 方法和一个私有方法__private,接着又定义了一个继承自 Person 类的子类 Student。其内部没有包含任何属性和方法,通过程序运行的结果可知,子类 Student 继承了父类 Person 的所有属性和 getInfo 方法。而对于私有方法子类是不能访问的,对于私有属性也是同样。

5.4.2 定义子类的属性和方法

创建子类之后,子类便能继承父类中的所有公共属性和方法,而子类之所以为子类,是其相对于父类而言的。同样也可以在子类中添加属于子类自己的属性和方法,定义的方法和类的方法一样。通过下面的例题对其进行详细的实践理解。

【例 5.10】 试运行下列程序,并分析程序的运行结果。

参考代码如下：

```python
#定义一个父类
class Person:
    name = '中国'
    age = 20
    def getInfo(self):
        print('我的名字叫: %s,今年%d 岁了!'%(Person.name,Person.age))
#定义一个子类
class Student(Person):
    task = 'study hard'                          #定义子类属性
    def change_name(self,name):                  #定义子类方法用于修改名字
        Student.name = name
    def stuInfo(self):                           #定义子类方法用于输出
        print('我的名字叫: %s,今年%d 岁了,我每天都需要%s!'%(Student.name,Student.age,Student.task))
student = Student()                              #创建一个实例化的学生对象
print('Student 类中的 name 为: ',Student.name)    #输出学生的名字
print('Student 类中的 age 为: ',Student.age)      #输出学生的年龄
student.getInfo()                                #调用父类方法用于输出
```

```python
student.change_name('jack')                    # 调用子类方法修改名字
student.stuInfo()                              # 调用子类方法用于输出
```

结果：

```
Student 类中的 name 为：中国
Student 类中的 age 为：20
我的名字叫：中国,今年 20 岁了!
我的名字叫：jack,今年 20 岁了,我每天都需要 study hard!
```

从上述程序中可以看出,在子类中,不仅可以继承父类的属性和方法,还可以定义自己特有的属性和方法,并对父类中的属性进行修改,而不会影响父类中的属性值。所以类的继承能很好地展现从一般到特殊的过渡,且减少了代码的重复编写粘贴。

5.4.3 调用超类的构造方法

在 Python 中,若创建一个子类继承父类,此时父类中又构造方法,而子类中也需要拥有自己的构造方法时,子类会直接先对自己的构造方法进行实例化对象。例如：

```python
# 定义一个 Person 父类
class Person:
    def __init__(self, name, age):
        self.name = name
        self.age = age
    def getInfo(self):
        print('我的名字叫：%s,今年%d 岁了!' % (self.name, self.age))
                                               # 定义一个 Student 子类
class Student(Person):
    def __init__(self, task):
        self.task = task
    def stuInfo(self):
        print('我每天都需要%s!' % self.task)
student = Student('study hard')                # 创建一个实例化的学生对象
student.stuInfo()                              # 调用子类方法用于输出
student.getInfo()                              # 调用父类方法用于输出
```

结果：

```
我每天都需要 study hard!
AttributeError: 'Student' object has no attribute 'name'
```

从上述的程序中可知,Student 子类继承 Person 父类。又因为 Student 子类拥有自己的构造方法,所有在实例化对象时,会直接执行自己的构造函数,并给 task 属性赋值,则 Person 父类的构造方法就被 Student 的构造方法"遮蔽"了,使得在创建实例化对象 student 时,Person 类的构造方法未得到执行,故在调用 Person 类中的方法时出现了错误。

针对上述出现的问题,解决的办法是在子类中创建自己的构造方法时,调用父类的构造方法。而在子类的构造方法中调用父类的构造方法可以直接使用 super 函数,其语法格式如下：

```python
super().__init__(...)
```

下面通过例题对此方法进行理解。

【例 5.11】 试运行下面的程序,并分析运行结果。

```
#定义一个 Person 父类
class Person:
    def __init__(self,name,age):
        self.name = name
        self.age = age
    def getInfo(self):
        print('我的名字叫: %s,今年%d岁了!'%(self.name,self.age))
                                                        #定义一个 Student 子类
class Student(Person):
    def __init__(self,name,age,task):
        super().__init__(name,age)          #调用父类的构造方法
        self.task = task
    def stuInfo(self):
        print('我每天都需要%s!'%self.task)
student = Student('tom',18,'study hard')    #创建一个实例化的学生对象
student.stuInfo()                           #调用子类方法用于输出
student.getInfo()                           #调用父类方法用于输出
```

结果:

我每天都需要 study hard!
我的名字叫: tom,今年 18 岁了!

5.4.4 多重继承

继承是面向对象编程的一个重要方式,通过继承子类可以扩展父类的功能。除了上面所说的普通继承,即单继承,一个子类继承一个父类外,还可以一个子类继承自多个父类,这即是 Python 类中的多重继承,它继承了多个父类的属性和方法。多重继承也可以看作是对单继承的扩展。定义多重继承的语法如下:

```
class 子类名(父类名 1,父类名 2,…):
    子类体
```

需要注意的是,圆括号中父类的顺序,如果继承的父类中有相同的方法名,而在子类中使用时未指定,Python 解释器将会从左至右排查父类中是否包含此方法。

【例 5.12】 多继承示例。

参考代码如下:

```
class A():                          #定义父类
    def a(self):
        print('A 类里面的 a 方法')


class B():                          #定义父类 B
    def a(self):
        print('B 类里面的 a 方法')
    def b(self):
```

```
        print('B类里面的b方法')

class C():                                    #定义父类C
    def c(self):
        print('C类里面的c方法')

class D(A,B,C):                               #定义子类D
    def d(self):
        print('D类里面的d方法')
d1 = D()                                      #实例化对象
d1.d()                                        #调用对象d1中的d方法
d1.a()                                        #调用对象d1中的a方法
```

结果：

D类里面的d方法
A类里面的a方法

从上述程序中可知，在子类D中依次继承了A、B、C三个父类，则继承了它们的属性和方法，在调用d方法时，只有子类D中有，则调用的就是子类中的方法。而对于a方法，可以看到在父类A、B中都有这个方法，由于在调用的时候没有指定则Python会根据子类继承父类的先后顺序来调用，故是继承了A类中的a方法。如果将子类D的继承顺序修改为B、A、C，得出的结论将是B类中的a方法。

多重继承的继承结构会比较复杂，不容易厘清，这也是为什么后来的新的面向对象语言中没有多重继承的原因，如Java、C++，它们一般都只能进行单继承。但必要的时候它们还是可以通过接口来代替，如让类实现多个接口，效果和多重继承是一样的。

5.5 运算符重载

Python语言提供了运算符重载功能，极大地增强了语言的灵活性。Python语言提供了很多的魔法方法，而运算符重载就是通过重写Python内置的魔法方法来实现的。魔法方法就是以双下画线开头和结尾的方法，类似于__X__这样的形式。Python就是通过这种特殊的命名方式来拦截操作符，以实现重载。即某个类的方法拦截内置的操作，当实例化对象出现在内置操作中时，Python会自动调用你的方法，将你方法的返回值作为操作的结果。

Python的运算符重载即让类拦截常规的Python操作。类可重载所有的Python表达式运算符，还可重载打印、函数调用、属性访问等内置运算。下面将对其中的几种情况进行讲解。

5.5.1 加法运算重载

运算符重载是为了让自定义的类生成的实例化对象能够使用运算符进行操作，让程序简洁易读，同时还可以为自定义对象的需求给运算符赋予新的规则。例如可以通过下面的代码加以了解。

```
#定义类
```

```
class Adder:
    def __init__(self,value = 0):
        self.value = value
x = Adder(2)                                    #实例化对象
print(x + 2)                                    #对对象进行加法运算
```

结果：`TypeError: unsupported operand type(s) for + : 'Adder' and 'int'`

从程序的运行结果可知，程序出现了类型错误，表示不支持加法运算对于一个 Adder 和整型。那么这时如果希望能正常进行上述操作，则需要对加法运算符进行重载。直接使用 Python 提供的内置魔法方法来实现，加法是__add__(self,rhs)实现的运算是 self+rhs，例如：

```
#定义类
class Adder:
    def __init__(self,value = 0):
        self.value = value
    def __add__(self,other):
        return self.value + other
x1 = Adder(2)                                   #实例化对象
print('x1 + 2:',x1 + 2)                         #对对象进行加法运算
print('2 + x1:',2 + x1)
```

结果：

```
x1 + 2: 4
TypeError: unsupported operand type(s) for + : 'int' and 'Adder'
```

从上述程序中可知，重载了 add 之后上述的对象 x1+2 是可以运行的，而且重载的方法不需要调用 Python，因为会自动进行调用。但是当运算符两边的值换了位置之后，程序就报出了 TypeError 的错误。因为当运算符的左侧为内建类型时，右侧为自定义类型进行算术运算时就会出现 TypeError 错误，因此为实现运算符重载，此时需要使用反向运算符重载。右侧加法__radd__(self,lhs)实现的运算是 lhs+self，示例如下。

【例 5.13】 加法运算符重载示例。

```
#定义类
class Adder:
    def __init__(self,value = 0):
        self.value = value
    def __add__(self,other):
        return self.value + other
    def __radd__(self,other):
        return self.value + other
x1 = Adder(2)                                   #实例化对象
x2 = Adder(3)
print('x1 + 2:',x1 + 2)                         #对对象进行加法运算
print('2 + x1:',2 + x1)
print('x1 + x2:',x1 + x2)
print('x2 + x1:',x2 + x1)
```

结果：

```
x1 + 2: 4
2 + x1: 4
x1 + x2: 5
x2 + x1: 5
```

5.5.2　索引和切片重载

索引和切片运算符重载，主要是为了让自定义的类型的实例化对象能够支持索引和切片操作。在 Python 中的方法如表 5.1 所示。

表 5.1　索引和切片运算符重载方法

重载	方法	运算符和表达式
索引/切片取值	__getitem__(self,i)	self[i]、self[i: j]
索引/切片赋值	__setitem__(self,i,v)	self[i] = v、self[i: j] = seq
删除索引/切片	__delitem__(self,i)	del self[i]、del self[i: j]

在 Python 中需要对类的对象进行列表的索引和切片时，即可采用上述的相应方法进行。例如，需要提取对象列表中的元素，如果不加载上述方法，会得到什么结果。下面将通过示例对上述方法进行详细分析。

参考代码如下：

```
class Mylist:
    def __init__(self, iterable):
        self.data = list(iterable)
li = Mylist([2,1,5,4,8,0,3])
print(li[2])
```

结果：`TypeError: 'Mylist' object is not subscriptable`

从上述程序中可看出，如果直接使用下标来提取对象的列表中的值，会报 TypeError 的错误，表示 Mylist 这个类不支持下标操作，故需要重载索引方法。

参考代码如下：

```
class Mylist:
    def __init__(self, iterable):
        self.data = list(iterable)
    def __getitem__(self, i):                    #索引/切片取值
        print('i的值为: ',i)
        return self.data[i]
li = Mylist([2,1,5,4,8,0,3])                     #实例化类的对象
print(li[3])                                     #索引取值
print(li[2:4:1])                                 #切片取值 start:end:step
```

结果：

```
i的值为: 3
4
```

```
i 的值为: slice(2, 4, 1)
[5, 4]
```

除了上述这样对索引和切片取值操作外,还可以对示例进行赋值和删除的操作。

【例 5.14】 索引和切片运算符重载示例。

参考代码如下:

```
class Mylist:
    def __init__(self, data):
        self.data = list(data)
    def __str__(self):                              #打印字符串显示
        return 'Mylist(%s)'% self.data
    def __getitem__(self, i):                       #索引/切片取值
        print('i 的值为: ',i)
        return self.data[i]
    def __setitem__(self, i, v):                    #索引/切片赋值
        print('__setitem__被调用,i = ', i, 'v = ', v)
        self.data[i] = v
    def __delitem__(self, i):                       #删除索引/切片
        print('下标为%d 的值被删除'% i)
        del self.data[i]
        return self
li = Mylist([2,1,5,4,8,0,3])                        #实例化类的对象
print('原始的 Mylist 对象: ',li)
print(li[3])                                        #索引取值
print(li[2:4:1])                                    #切片取值 start:end:step
li[1] = 100                                         #索引赋值
print('索引赋值后的 Mylist 对象: ',li)
li[1:4:1] = [3,7,9]                                 #切片赋值
print('切片赋值后的 Mylist 对象: ',li)
del li[2]
print('删除后的 Mylist 对象: ',li)
```

结果:

```
原始的 Mylist 对象: Mylist([2, 1, 5, 4, 8, 0, 3])
i 的值为: 3
4
i 的值为: slice(2, 4, 1)
[5, 4]
__setitem__被调用,i = 1    v = 100
索引赋值后的 Mylist 对象: Mylist([2, 100, 5, 4, 8, 0, 3])
__setitem__被调用,i = slice(1, 4, 1)    v = [3, 7, 9]
切片赋值后的 Mylist 对象: Mylist([2, 3, 7, 9, 8, 0, 3])
下标为 2 的值被删除
删除后的 Mylist 对象: Mylist([2, 3, 9, 8, 0, 3])
```

5.5.3 自定义迭代器对象

在 Python 的类中对于迭代器对象也提供了重载自定义的方法,__iter__和__next__方

法。但除了这个方法可以实现自定义迭代器对象外,在索引和切片的运算符重载的方法中,__getitem__方法也是可以实现的,for 语句的作用是从 0 到更大的索引值,重复对序列进行索引运算,直到序列结束为止。故__getitem__也是可以作为一种重载迭代方法。若类中定义了一个方法,那么 for 循环每次循环的时候都会调用类的__getitem__方法,并持续搭配偏移值。例如:

```
#定义类
class Iterget:
    def __init__(self,data):
        self.data = data
    def __getitem__(self,i):
        return self.data[i]
X = stepper('Spam')                    #实例化对象
for item in X:                         #for 循环不断调用__getitem__方法
    print(item,end = ' ')
list(map(str.upper,X))                 #map 操作
```

结果:

```
S p a m
['S', 'P', 'A', 'M']
```

这种方法可用于简历提供序列接口的对象,并新增逻辑到内置的序列的类型运算。虽然__getitem__方法可以实现迭代,但不是最好的方式。一般 Python 解释器的迭代环境都会先尝试调用__iter__方法,再尝试__getitem__方法。

迭代环境是通过调用内置函数 iter 去尝试寻找__iter__方法来实现,返回一个迭代器对象。若存在则 Python 会重复调用 next 方法,直达序列结束为止,若不存在__iter__方法,Python 才会改用__getitem__方法。例如定义迭代器类来生成平方值。

【例 5.15】 自定义迭代器类生成立方值。

```
class Squares:
    def __init__(self,start,stop):
        self.value = start - 1
        self.stop = stop
    def __iter__(self):
        return self
    def __next__(self):
        if self.value == self.stop:
            raise StopIteration
        self.value += 1
        return self.value ** 3
for i in Squares(1,5):
    print(i,end = ' ')
```

结果:1 8 27 64 125

在上例中,self 就是迭代器的实例化对象,和__getitem__不同的是,__iter__只循环一次,每次新循环都会创建一个新的迭代器对象。当创建了__iter__和__next__方法后,除了上述的 for in 的方式迭代遍历对象外,也可以通过 iter()和 next()方法去迭代遍历对象。如:

```python
n = Squares(1,5)
i = iter(n)
print(next(i))
print(next(i))
print(next(i))
print(next(i))
print(next(i))
```

结果：

```
1
8
27
64
125
```

5.5.4 定制对象的字符串形式

在 Python 的类中，需要对类的实例化对象的字符串显示形式进行定制，前面也有用到__str__来设计打印类的结果。而对象的字符串的表达形式有两种方法，分别是__repr__和__str__，这两种方法都是用来表示对象字符串的表达形式，使用 print()、str() 会调用到__str__方法，而使用 print()、str()、repr() 则会调用到__repr__方法。区别在于当两个方法同时创建时，Python 解释器会优先调用__str__方法，__str__通常会有一个友好的返回显示。若没有__str__则打印操作就会使用__repr__，可以用于任何地方。例如，先了解一下没有定义打印操作时，程序会出现什么情况。

参考代码如下：

```python
#定义类
class String():
    def __init__(self,data):
        self.data = data
s = String(1)                           #实例化对象
print(s)                                #打印实例化对象
```

结果：<__main__.String object at 0x000001308746CD08>

我们会发现，直接打印实例化对象，得到的结果是一串代码，表示的是该实例化对象的内存地址。如果定义__repr__方法，会发生什么变化。

```python
#定义类
class String():
    def __init__(self,data):
        self.data = data
    def __repr__(self):                 #定义字符串显示形式
        return 'repr: %s'%self.data
s = String(1)                           #实例化对象
print(s)                                #打印实例化对象
```

结果：repr: 1

接下来如果再定义__str__方法。

【例 5.16】 定制对象的字符串形式示例。

参考代码如下：

```python
#定义类
class String():
    def __init__(self,data):
        self.data = data
    def __repr__(self):                    #repr定义字符串显示形式
        return 'repr: %s'% self.data
    def __str__(self):                     #str定义字符串显示形式
        return 'str: %s'% self.data
s = String(1)                              #实例化对象
print(s)                                   #打印实例化对象
print(str(s))
print(repr(s))
```

结果：

```
str: 1
str: 1
repr: 1
```

5.6 编程实践

【例 5.17】 编写程序，模拟猫狗大战，要求：

（1）可创建多个猫和狗的对象，并初始化每只猫和狗（包括昵称、品种、攻击力、生命值等属性）。

（2）猫可以攻击狗，狗的生命值会因为猫的攻击而下降；同理狗可以攻击猫，猫的生命值也会因为狗的攻击而下降。

（3）猫和狗可以通过吃来增加自身的生命值。

（4）当生命值小于或等于 0 时，表示已被对方杀死。

解题思路分析：根据题目要求，需要定义两个类 Cat 类和 Dog 类，在这两个类中都需要定义构造方法来初始化属性（包括昵称、品种、攻击力、生命值等属性）。然后是定义方法，一个攻击方法，如攻击狗，则狗的生命值就会下降；一个吃的方法，增加其生命值；一个判断是否死亡的方法，若生命值小于或等于 0，则表示已被对方杀死，否则则输出当前生命值。两个类都定义好之后就可创建对象，开始战斗。

参考代码如下：

```python
#定义猫类
class Cat():
    #构造方法
    def __init__(self,name,breed,aggressivity,alive):
        self.name = name
        self.breed = breed
        self.aggressivity = aggressivity
```

```python
        self.alive = alive
    #攻击狗的方法
    def attack(self,dog):
        dog.alive -= self.aggressivity
    #吃的方法,增长生命值
    def eat(self):
        self.alive += 50
    #查看状态是否死亡
    def getInfo(self):
        if self.alive <= 0:
            print('%s品种的%s猫已被杀死'%(self.breed,self.name))
        else:
            print('%s品种的%s猫,生命值还有%d,攻击力为%s'%(self.breed,self.name,self.alive,self.aggressivity))
#定义狗类
class Dog():
    #构造方法
    def __init__(self, name, breed, aggressivity, alive):
        self.name = name
        self.breed = breed
        self.aggressivity = aggressivity
        self.alive = alive
    #攻击狗方法
    def attack(self, cat):
        cat.alive -= self.aggressivity
    #吃的方法,增长生命值
    def eat(self):
        self.alive += 100
    #查看状态是否死亡
    def getInfo(self):
        if self.alive <= 0:
            print('%s品种的%s狗已被杀死' % (self.breed, self.name))
        else:
            print('%s品种的%s狗,生命值还有%d,攻击力为%s' % (self.breed, self.name, self.alive, self.aggressivity))
#创建实例化对象
cat01 = Cat('Lili','波斯猫',50,800)          #创建一个Cat猫类的实例化对象
dog01 = Dog('Lucky','哈士奇',70,500)         #创建一个Dog狗类的实例化对象
cat01.getInfo()                              #查看猫的当前信息
dog01.getInfo()                              #查看狗的当前信息
print('---- 开始战斗 ---- ')
cat01.attack(dog01)                          #猫攻击狗一次
dog01.getInfo()                              #查看狗的当前信息
for i in range(8):                           #猫攻击狗10次
    cat01.attack(dog01)
dog01.eat()                                  #狗吃东西一次
dog01.getInfo()                              #查看狗的当前信息
```

结果:

波斯猫品种的Lili猫,生命值还有800,攻击力为50

哈士奇品种的 Lucky 狗,生命值还有 500,攻击力为 70
---- 开始战斗 ----
哈士奇品种的 Lucky 狗,生命值还有 450,攻击力为 70
哈士奇品种的 Lucky 狗,生命值还有 150,攻击力为 70

习　　题

1. 选择题

(1) 关于面向对象的程序设计,以下选项中描述错误的是(　　)。
　　A. 面向对象方法的重用性好
　　B. Python 3.x 解释器内部采用完全面向对象的方式实现
　　C. 用面向对象方法开发的软件不容易理解
　　D. 面向对象方法与人类习惯的思维方法一致

(2) 关于类和对象的关系,下列描述中正确的是(　　)。
　　A. 类是现实中真实存在的个体
　　B. 面向对象的特征有多态、继承、抽象、封装
　　C. 对象是根据类创建的,且一个类只能对应一个对象
　　D. 对象描述的是现实中真实存在的个体,它是类的实例

(3) 关于构造方法中的 self 参数,下列说法正确的是(　　)。
　　A. self 是关键字,不可进行修改
　　B. self 表示的是当前实例化对象
　　C. 在实例化时需要给 self 参数传递值
　　D. 在定义构造方法时 self 的位置可以随意变动

(4) 构造方法是类的一种特殊方法,其名称为(　　)。
　　A. init　　　　　　　　　　　　　　B. __del__
　　C. __init__　　　　　　　　　　　　D. 可自定义

(5) 在 Python 中,用于释放类占用资源的方法是(　　)。
　　A. del　　　　　　　　　　　　　　B. __del__
　　C. __init__　　　　　　　　　　　　D. __delete__

(6) 在 Python 中,定义私有属性的方法是(　　)。
　　A. 使用__X__定义　　　　　　　　　B. 使用关键字 private
　　C. 使用__X 定义属性名　　　　　　　D. 使用关键字 public

(7) 以下表示 A 类继承 C 类和 B 类的格式中,正确的是(　　)。
　　A. class A C,B　　　　　　　　　　B. class A (C;B)
　　C. class A (C,B)　　　　　　　　　D. class A (C and B)

(8) 下列方法中,不能使用类名访问的是(　　)。
　　A. 静态方法　　　　　　　　　　　　B. 类方法
　　C. 实例方法　　　　　　　　　　　　D. 以上 3 项都是

(9) 下列方法中,不能访问实例化对象的实例属性的是(　　)。

A. 静态方法 B. 类方法
C. 实例方法 D. 静态方法和类方法

(10) 关于面向对象的继承,以下选项中描述正确的是( )。
A. 继承是指一组对象所具有的相似性质
B. 继承是指类之间共享属性和操作的机制
C. 继承是指各对象之间的共同性质
D. 继承是指一个对象具有另一个对象的性质

2. 填空题

(1) 在 Python 中,可以用_____关键字来定义一个类。

(2) 使用_____来创建构造方法,构造方法中的第一个参数必须是_____。

(3) 在类的外部,类的实例属性和方法只能通过_____进行访问;而类属性和方法可以通过_____和_____访问。

(4) 在类之间的继承关系中,一个子类可以继承_____,也可以继承_____。

(5) 父类的_____属性和方法不能被子类继承,也不能被子类访问。

(6) 在 Python 的类中可以使用_____来定义静态方法,使用_____修饰器来修饰类方法。

(7) 在单继承中,在子类构造方法中使用父类构造方法中定义的实例属性需要使用的函数是_____。

(8) 对于类的对象,加载加法运算符需要使用的方法是_____。

3. 编程题

(1) 编写程序,创建一个类,模拟人的体重变化,其中的属性有姓名、年龄等属性,方法有跑步和吃东西,每次跑步会减肥,每次吃东西会增重。

(2) 设计一个圆类,其中的属性有半径和颜色,编写方法计算圆的周长和面积。

(3) 创建小游戏,具体的要求如下。

① 创建三个游戏人物,属性分别有名字、定位、血量、技能;

② 游戏场景,分别有:

- 偷红 buff,释放技能偷到红 buff 消耗血量 300;
- 单人战斗,消耗血量 500;
- 多人战斗,消耗血量 350;
- 补血,一次补血 200。

(4) 编写程序,创建一个银行类,具体要求如下:

① 银行有一个类属性,包含银行所有的开户信息,包括卡号、密码、用户名、余额,外界不能随意访问和修改,开户时要进行卡号验证,查看卡号是否存在。

② 每个对象也拥有卡号、密码、用户名、余额这些属性,且不能随意被外界访问。

③ 对于银行类拥有查看本银行的开户总数和所有用户的个人信息的权限。

④ 对于每个对象,可以进行取钱、存钱和查看个人详细信息的权限,但是在此之前需要进行卡号和密码的验证。

第 6 章

文件操作

在前面的章节中,程序中的数据大部分是通过 input() 函数由键盘输入,或者直接在程序中输入,但如果当输入的数据量非常大时,再采用上述方法进行操作将是不可取的。而使用 print() 函数是将数据直接输出到屏幕上,关闭程序之后,数据就会被清空,不便于下一次的使用。故需要使用一个文件对数据进行保存,需要时可以对数据进行读取,程序处理之后可以将数据保存在文件中,这样方便对数据的管理和使用。

本章将会介绍与文件相关的一些操作,包括文件打开、文件读写、文件输出,并且对文件及文件夹中的内置模块进行讲解。最后会通过案例,对所学知识进行巩固。

本章主要内容:
- 理解文件操作的思想;
- 掌握打开文件和关闭文件的方法;
- 掌握文件读写的方法;
- 掌握处理文件及文件夹的内置模块;
- 了解文件及文件夹的操作思路。

6.1 文件操作基础

计算机文件是以计算机硬盘为载体存储在计算机上的信息集合。文件可以是文本文档、图片、程序等。文件主要是将数据长期保存下来,并在需要的时候使用。在计算机中,文件是以二进制的方式保存在磁盘上的,分为文本文件和二进制文件。文本文件可以使用文本编辑器软件查看,但本质上还是为二进制文件。而二进制文件的内容不是供人直接阅读的,而是提供给软件使用的。

6.1.1 打开文件

在 Python 中,当需要对文件进行读取和写入时,首先需要打开文件,然后对文件进行读取和写入,最后操作完毕后,需要关闭文件,以便释放和文件操作相关的系统资源,且操作系统对同一时间能打开的文件数量是有限制的,不及时关闭可能会造成数据丢失。故文件操作主要包括:

(1) 打开文件;

(2) 读取或写入文件;

(3) 关闭文件。

在 Python 中,可以使用内置函数 open 打开一个已经存在的文件或者新建一个文件,返回一个文件对象。打开文件的语法格式如下:

文件对象名 = open(name[,mode])

name:你要访问的文件名称,可以包含文件所在的具体路径。

mode:设置文件的打开模式:只读、写入、追加等。

具体的文件访问模式如表 6.1 所示,默认的文件访问模式为只读(r)。

表 6.1 文件的访问模式

文件打开模式	说　　明
r	以只读方式打开文件,文件的指针将会放在文件的开头,这是默认模式
w	打开一个文件只用于写入,如果该文件已存在则将其覆盖;若不存在则创建一个新文件
a	打开一个文件用于追加,如果该文件已存在,文件指针将会放在文件的结尾,即新的内容会被写入到已有内容之后;若文件不存在,则创建新文件进行写入
rb	以二进制格式打开一个文件用于只读,文件指针将会放在文件的开头
wb	以二进制格式打开一个文件只用于写入,如果该文件已存在则将其覆盖,否则创建新的文件
ab	以二进制格式打开一个文件用于追加,若文件存在,则指针在文件结尾;否则将创建新文件进行写入
r+	打开一个文件用于读写,文件指针将会放在文件的开头(先读再写)
w+	打开一个文件用于读写,如文件存在则将其覆盖,否则创建新的文件
a+	打开一个文件用于读写,若文件存在,则文件指针会放在文件的结尾,即追加模式,否则创建新文件进行读写
rb+	以二进制格式打开一个文件只用于写入,如文件存在则覆盖,否则创建新的文件
wb+	以二进制格式打开一个文件用于读写,如文件存在则覆盖,否则创建新的文件
ab+	以二进制格式打开一个文件用于追加,若文件已存在则将文件指针放在文件的结尾,否则创建新文件用于读写

注意:使用只读模式打开文件,如文件不存在,程序会出现报错;而只写和追加都不会,若不存在则会新建一个文件。

当文件操作结束后,应及时关闭文件,在 Python 中,提供了内置函数 close() 来关闭文件,因为将数据写入文件时,操作系统不会立刻把数据写入磁盘,而是先将数据存放在内存缓冲区异步写入磁盘。当调用 close 方法时,操作系统才会把没有写入磁盘的数据全部写到磁盘上,否则会造成数据丢失。Close 函数文件关闭的语法格式如下:

文件对象名.close()

下面通过实际操作代码,加深对文件打开和关闭的印象。

【例 6.1】 打开和关闭文件示例。

参考代码如下:

```
#打开文件
    file01 = open('Python.txt','r')      #以只读的模式打开
    file01 = open('Python.txt','w')      #以只写的模式打开
    file01 = open('Python.txt','a')      #以追加的模式打开
    print(file01)
#关闭文件
    file01.close()
```

结果:<_io.TextIOWrapper name = 'Python.txt' mode = 'a' encoding = 'cp936'>

这里的 file01 是 open 函数的文件对象。

使用 open 函数打开文件,在文件操作结束之后都需要手动调用 close 函数来关闭文件,若程序出现 bug,导致 close 函数未执行,文件将不会关闭。故 Python 还提供了另一种方法 with...open 来打开文件,有关键字 with 在不再需要访问文件后将其关闭,只管打开文件,并在需要的时候使用它,Python 会在合适的时候自动将其关闭,一般优先考虑使用此方法来打开文件。with...open 打开文件的语法如下:

```
with open(name[,mode]) as 文件对象名:
```

例如,使用 with...open 以只读的模式打开文件 Python.txt。

参考代码如下:

```
with open('Python.txt','r') as files01:
    print(files01)
```

结果:<_io.TextIOWrapper name = 'Python.txt' mode = 'r' encoding = 'cp936'>

6.1.2 文件读写

当文件被打开后,会根据打开模式的不同对文件进行相应的读写操作。对于所有读的操作,文件必须以读或读写的模式打开;对于所有写的操作,文件必须以写、读写和追加的模式打开;若想重建文件,则可以使用只写或读写的模式打开;若想保留原文件内容,新增内容放在文件后面,则可采用追加或追加读写的模式打开文件。

1. 读文件

使用 open 函数打开一个文件,将返回一个文件对象。对这个文件对象 Python 提供了 3 种读取文件内容的方法,分别是 read()方法、readline()方法、readlines()方法。

(1) read()方法。

read()方法用于从文件中读取内容,并返回一个字符串。read()方法的语法格式为

```
文件对象名.read([size])
```

其中 size 是一个可选参数,用于指定读取的字符数量。不设置则会读取文件所有的内容。下面通过示例进行理解。

【例 6.2】 使用 read()方法读取文件内容。

参考代码如下：

```python
with open('Python.txt','r')as files01:     # 以只读模式打开 pythin.txt 文件
    str1 = files01.read(10)                # 读取文件中的前 10 个字符
    print(str1)                            # 打印读取的字符
    print('-'*30)                          # 输出 30 个 - 的分隔符
    content = files01.read()               # 读取文件中剩余的所有内容
    print(content)                         # 输出读取内容
```

结果：

```
I descry b
------------------------------
right moonlight in front of my bed.
I suspect it to be hoary frost on the floor.
I watch the bright moon, as I tilt back my head.
I yearn, while stooping, for my homeland more.
```

程序分析：使用只读模式打开文件时，文件指针在文件的开头，执行语句 files01.read(10)，则会读取文件的前 10 个字符，而当执行语句 files01.read()时，指针在第 10 个字符处，故读取了除前 10 个字符外的剩余全部字符。

如果文件过大，在使用 read()方法一次性读取文件全部内容时，内存会爆。所以，可以反复调用 read(size)方法，每次最多读取 size 个字符的文件内容；还可以调用 readline()方法。

(2) readline()方法。

readline()方法每次读取文件中的一行内容，包括换行符"\n"，返回字符串。此方法通常是读一行使用一行，且不能往回读，读过的便不能再读。Readline()方法的语法格式如下：

文件对象名.readline([size])

其中，size 表示每次读取文件中一行的 size 个字符数。下面通过示例进行理解。

【例 6.3】 使用 readline()方法读取文件内容。

参考代码如下：

```python
with open('Python.txt','r')as files01:     # 以只读模式打开 pythin.txt 文件
    str1 = files01.readline(20)            # 读取文件中一行前 10 个字符
    print(str1)                            # 打印读取的字符
    print('-'*30)                          # 输出 30 个 - 的分隔符
    content = files01.readline()           # 读取剩余的内容,否则读取下一行
    print(content)                         # 输出读取内容
```

结果：

```
I descry bright moon
------------------------------
light in front of my bed.
```

(3) readlines()方法。

readlines()方法用于读取文件的所有行,并返回列表,列表中的每个元素为文件中的一行数据。readlines()方法将文件内容一次性读入内存,每行保存在列表中,可以随意存取。readlines()方法的语法格式如下:

文件对象名.readlines()

下面通过示例进行理解。

【例6.4】 使用readlines()方法读取文件内容。

参考代码如下:

```
with open('Python.txt','r')as files01:    #以只读模式打开pythin.txt文件
    content = files01.readlines()         #读取文件所有内容
    print(content)                        #输出读取内容
```

结果:

['I descry bright moonlight in front of my bed.\n', 'I suspect it to be hoary frost on the floor.\n', 'I watch the bright moon, as I tilt back my head.\n', 'I yearn, while stooping, for my homeland more.']

从程序运行的结果可以看出,使用readlines()方法读取文件后返回的值为列表,且每个元素的后面都有一个"\n",若使用print打印,将会出现空白行。而且当文件非常大时,一次性将文件内容读取出来会占用很多内存,影响程序速度。所以可以将文件自身作为一个行序列进行读取,然后遍历文件的所有行,对文件进行逐行读取。逐行读取的语法格式如下:

```
with open(name[,mode]) as 文件对象名:
    for line in 文件对象名:        #遍历文件的所有行
        print(line)               #输出行
```

下面通过示例进行理解。

【例6.5】 逐行读取文件内容。

参考代码如下:

```
with open('Python.txt','r') as files01:
    i = 1
    for line in files01:
        print('这是第%d行内容: %s'% (i, line),end = '')
        i += 1
```

结果:

这是第1行内容: I descry bright moonlight in front of my bed.
这是第2行内容: I suspect it to be hoary frost on the floor.
这是第3行内容: I watch the bright moon, as I tilt back my head.
这是第4行内容: I yearn, while stooping, for my homeland more.

文件读取几种方法的比较:若文件较小,直接使用read()方法一次性读取即可;若文

件大小不能确定,可反复使用 read(size) 比较保险;若是配置文件,则调用 readlines() 方法最方便。一般情况下,使用 for 循环逐行读取效果会更好,速度更快。

2. 写文件

将数据信息写入到文件内,其实和读文件差不多,只是文件打开的模式不一样。Python 中,提供了与文件写入法相关的两种方法,分别是 write() 方法和 writelines() 方法。

(1) write() 方法。

write() 方法用于将一个字符串写入到文件中,可以多次重复执行。此时程序没有终端输出,write() 方法不会在你写入的文本末尾添加换行符,需手动添加。write() 方法的语法格式如下:

文件对象名.write(str)

其中 str 为你要写入文件的字符串。下面通过示例进行理解。

【例 6.6】 在 test.txt 文件中写入如下数据。

```
I descry bright moonlight in front of my bed.
I suspect it to be hoary frost on the floor.
```

解题分析:首先需要打开文件,若以只读模式打开,如文件不存在则会创建一个新的文件;然后使用 write() 方法写入内容,主要添加换行符;最后关闭文件。

参考代码如下:

```
with open('text.txt','w') as files:
    files.write('I descry bright moonlight in front of my bed\n')
    files.write('I suspect it to be hoary frost on the floor\n')
```

结果:程序运行后,会在当前路径下创建一个 test.txt 文件,并且在文件中可以看到写入文件中的数据。

(2) writelines() 方法。

writelines() 方法用于将序列的内容全部写入文件中,多行一次性写入。和 write() 方法一样不会在每行后添加换行符,需手动添加。writelines() 的语法格式如下:

文件对象名.writelines(sequence)

其中,sequence 为要写入文件袋额字符串序列。下面通过示例进行理解。

【例 6.7】 使用 writelines() 方法在 test.txt 文件中写入如下数据。

```
I descry bright moonlight in front of my bed.
I suspect it to be hoary frost on the floor.
```

参考代码如下:

```
seq = 'I descry bright moonlight in front of my bed\nI suspect it to be hoary frost on the floor\n'
with open('text.txt','w') as files:
    files.write(seq)
```

结果:程序运行后,会在当前路径下创建一个 test.txt 文件,并且在文件中可以看到写入文件中的数据。

6.1.3 文件指针

关于文件的操作,除了读、写、追加外,还可以对文件的指针进行操作,文件的指针不需要用户定义,它表示的就是用户操作文件的当前位置,会随着用户的读、写、追加操作而移动。所以在对文件进行操作前需要对文件指针的位置进行判断。在需要的时候还需要将文件指针调节到需要的位置,便于对文件进行操作。

1. 查看指针位置

在实际使用的过程中,可能需要从文件的特定位置开始读写,故需要了解文件的当前位置,即需要获取文件当前读写的位置。在 Python 中提供了 tell()方法来获取文件当前的读写位置,tell()方法的语法如下:

文件对象名.tell()

tell()方法可返回文件当前的位置,即文件指针当前的位置。

假设文件"python.txt"的内容如下:

```
I descry bright moonlight in front of my bed.
I suspect it to be hoary frost on the floor.
I watch the bright moon, as I tilt back my head.
I yearn, while stooping, for my homeland more.
```

然后使用 read()方法来读取文件的信息,再通过 tell()方法来获取文件当前的读写位置。

【例 6.8】 获取文件位置信息。

参考代码如下:

```
with open('python.txt','r') as files01:      # 以只读模式打开 python.txt 文件
    content = files01.readline()              # 读取文件第一行的数据
    print('文件的第一行内容是:',content)       # 输出
    position = files01.tell()                 # 使用 tell 函数查看文件指针位置
    print('文件的当前位置:',position)          # 输出
    content = files01.readline()              # 读取文件的下一行
    print('文件的第二行内容是:',content)       # 输出
    position = files01.tell()                 # 使用 tell 函数查看文件指针位置
    print('文件的当前位置:',position)          # 输出
```

结果:

文件的第一行内容是: I descry bright moonlight in front of my bed.
文件的当前位置: 46
文件的第二行内容是: I suspect it to be hoary frost on the floor.
文件的当前位置: 91

从上述程序的结果可以看出,随着文件操作的移动,文件指针也会随着不断移动。如果

想截取出文件中想要的信息,需要了解文件的指针当前处于的位置,便于进行准确的操作。

2. 定位指针位置

在文件读写的过程中,需要从指定的位置对文件进行操作时,在 Python 中提供了 seek() 方法,可以将指针移动到指定的位置。seek 的语法格式如下:

文件对象名.seek(offset[,whence])

其中:

(1) offest 表示偏移量,即需要移动的字节数。

(2) whence 为可选选项,表示偏移的起始点。0,默认模式,该模式表示指针移动的字节数是以文件开头为参照的;1,该模式代表指针移动的字节数是以当前所在的位置为参照的;2,该模式代表指针移动的字节数是以文件末尾的位置为参照的。

同样以上面的文件 python.txt 为例,假设要从文件开头偏移 9 个字节。

【例 6.9】 读取文件 python.txt,获取文件第一行且不需文件前 9 个字符。

参考代码如下:

```
with open('python.txt','r') as files01:    #以只读模式打开 python.txt 文件
    content = files01.readline()           #读取文件第一行的数据
    print('文件的第一行内容是:',content)    #输出
    position = files01.tell()              #使用 tell 函数查看文件指针位置
    print('文件的当前位置:',position)       #输出
    files01.seek(9)                        #重新设置指针位置
    content = files01.readline()           #读取文件第一行的数据
    print('文件的第一行内容是:',content)    #输出
```

结果:

文件的第一行内容是: I descry bright moonlight in front of my bed.
文件的当前位置: 46
文件的第一行内容是: bright moonlight in front of my bed.

从程序运行的结果可以看到,当程序第一次运行之后,程序指针的当前位置为 46,而当使用 seek 函数对程序指针位置进行重新设置之后,程序获取了从第 9 个字符之后的第一行的数据信息。如果使用其他的位置作为偏移起点时:

```
with open('python.txt','r') as files01:    #以只读模式打开 python.txt 文件
    content = files01.readline()           #读取文件第一行的数据
    print('文件的第一行内容是:',content)    #输出
    position = files01.tell()              #使用 tell 函数查看文件指针位置
    print('文件的当前位置:',position)       #输出
    files01.seek(9,1)                      #重新设置指针位置
    position = files01.tell()              #使用 tell 函数查看文件指针位置
    print('文件的当前位置:',position)       #输出
```

结果:

文件的第一行内容是: I descry bright moonlight in front of my bed.
文件的当前位置: 46
UnsupportedOperation: can't do nonzero cur-relative seeks

可以看到,当将偏移的起始点换为 1 或 2 之后,程序就会报错。因为在文本文件中,没有使用 b 模式选项打开的文件,只允许文件从开头位置计算相对位置,若从文件末尾或当前位置设置相对位置就会引发异常。故:

```
with open('python.txt','rb') as files01:    #以只读模式打开 python.txt 文件
    content = files01.readline()            #读取文件第一行的数据
    print('文件的第一行内容是:',content)     #输出
    position = files01.tell()                #使用 tell 函数查看文件指针位置
    print('文件的当前位置:',position)        #输出
    files01.seek(9,1)                        #重新设置指针位置
    position = files01.tell()                #使用 tell 函数查看文件指针位置
    print('文件的当前位置:',position)        #输出
```

结果:

文件的第一行内容是: b'I descry bright moonlight in front of my bed.\n'
文件的当前位置: 46
文件的当前位置: 55

6.2 文件及文件夹操作

前面几节主要介绍对文件内容进行操作的方法,本节将对文件即文件夹的操作进行分析。对于文件的操作,在 Python 中提供了几个内置模块和方法来处理文件,主要有 os、os.path、shutil 三个模块,主要对文件的属性、目录创建、查看目录、删除、复制、移动和打开等方面进行操作,下面分别对这三个模块进行学习。

6.2.1 os 模块

os 的语义为操作系统,故 os 模块的作用就与操作系统相关,可以处理文件和目录我们日常会做的操作,如显示目录所有文件、删除文件、获取文件大小等。常用 os 模块函数如表 6.2 所示。

表 6.2 常用 os 模块函数

方法	说明
os.name()	输出你正在使用的工作平台,若是 Windows,则输出"nt";若是 Linux/Unix 用户,则输出"posix"
os.getcwd()	获取当前工作目录
os.getenv(key)	获取环境变量,其中 key 为环境变量名称
os.listdir(path)	返回指定 path 目录下的文件和目录名,path 的默认值为 None,表示获取当前目录下的文件和目录名
os.mkdir(str)	在当前工作目录下创建目录 str
os.rmdir(path)	删除 path 下的空目录,若此目录不为空则出现异常
os.chdir(path)	将 path 设置为当前工作目录

续表

方　　法	说　　明
os.rename(src,dst)	将 src 重新命名为 dst,可以是文件或目录,若重命名的文件和目录中的文件重名,则抛出异常
os.makedirs(name)	创建一个多层递归目录,若目录全部存在,则程序抛出异常
os.removedirs(name)	删除一个多层次的空目录,若目录中存在文件,则无法删除
os.scandir(path)	Path 默认为当前路径 path='.',返回 path 指定路径下的文件和文件夹,但其返回的是可迭代对象

下面通过一些例子对表格中的方法进行使用。如:

```
import os
lis = os.listdir()                    # 返回当前目录下的文件和目录名
print(lis)
```

结果:

```
['.ipynb_checkpoints', 'file.ipynb', 'Python.txt', 'text.txt']
print(os.getcwd())                    # 获取当前目录
```

结果:

```
G:\jupyter notebook\file
print(os.getenv('path'))              # 获取 path 的环境变量
```

结果:

E:\anaconda\Ananconda3;E:\anaconda\Ananconda3\Library\mingw-w64\bin;E:\anaconda\Ananconda3\Library\usr\bin;E:\anaconda\Ananconda3\Library\bin;E:\anaconda\Ananconda3\Scripts;C:\WINDOWS\system32;C:\WINDOWS;C:\WINDOWS\System32\Wbem;C:\WINDOWS\System32\WindowsPowerShell\v1.0\;C:\WINDOWS\System32\OpenSSH\;E:\anaconda\Ananconda3;E:\anaconda\Ananconda3\Scripts;E:\anaconda\Ananconda3\Library\bin;C:\Users\IBM\AppData\Local\Microsoft\WindowsApps;

```
os.mkdir('study')                     # 在当前工作目录下创建一个 study 目录
os.rename('study','use')              # 将 study 目录名修改为 use
os.makedirs('./tmp/study/tip')        # 在当前工作目录下创建三个层次的递归目录
os.removedirs('./tmp/study/tip')      # 删除当前目录下的三个层次的递归目录
```

【例 6.10】 使用 scandir()方法只返回当前目录下的文件。

参考代码如下:

```
lis = os.listdir()                    # 返回当前目录下的文件和目录名
print(lis)                            # 输出
print('-' * 50)                       # 标记
i = 1
for file in os.scandir():
    if file.is_file():                # is_file 判断是否是文件
        if i == 1:                    # 标记
            print('当前目录下的文件有: ')
            i += 1
        print('\t',file)
```

结果：

```
['.ipynb_checkpoints', 'file.ipynb', 'Python.txt', 'text.txt', 'use']
-------------------------------------------------
当前目录下的文件有：
        <DirEntry 'file.ipynb'>
        <DirEntry 'Python.txt'>
        <DirEntry 'text.txt'>
```

6.2.2　os.path 模块

对于文件的操作除了 os 模块外，Python 还提供了 os.path 模块，主要用于获取文件的属性，在编程的过程中经常会使用到，表 6.3 中列出了 os.path 模块中的一些常用的方法，更详细的可见官方文档。

表 6.3　os.path 模块中的常用方法

方　　法	说　　明
os.path.abspath(path)	返回 path 的绝对路径
os.path.split(path)	将 path 分割成目录和文件名两部分，以元组的形式返回
os.path.dirname(path)	返回 path 指定的目录，即相当于 os.path.split 的第一个元素
os.path.basename(name)	返回 path 指定的文件名，即相当于 os.path.split 的第二个元素
os.path.commomprefix(list)	返回 list(多个路径)中，所有 path 共有的最长的路径
os.path.exists(path)	判断 path 路径是否存在，存在则返回 True,否则返回 False
os.path.isabs(path)	判断 path 路径是否是绝对路径，是则返回 True,否则返回 False
os.path.isfile(path)	判断 path 路径中是否存在文件，存在则返回 True,否则返回 False
os.path.join(path1[,path2[,...]])	将多个路径组合在一起返回，第一个绝对路径前的参数将会被忽略
os.path.getsize(path)	返回 path 路径中文件的大小(字节)
os.path.getatime(path)	返回 path 路径中文件或目录的最后存取时间
os.path.getmtime(path)	返回 path 路径中文件或目录的最后修改时间

下面通过一些例子对表格中的方法进行使用。如：

```
import os.path
print(os.path.abspath('file.ipynb'))
```

输出结果为

```
'G:\\jupyter notebook\\ file\\file.ipynb'
print(os.path.split('G:\\jupyter notebook\\file\\file.ipynb'))
```

输出结果为

```
('G:\\jupyter notebook\\file', 'file.ipynb')
print(os.path.dirname('G:\\jupyter notebook\\file\\file.ipynb'))
```

输出结果为

```
'G:\\jupyter notebook\\file'
```

```python
print(os.path.basename('G:\\jupyter notebook\\file\\file.ipynb'))
```

输出结果为

```
'file.ipynb'
```
```python
print(os.path.commonprefix(['G:\\good\\time\\sum','G:\\good\\time\\sum\\study','G:\\good\\time\\tip']))
```

输出结果为

```
'G:\\good\\time\\'
```
```python
print(os.path.exists('G:\\jupyter notebook\\file.ipynb'))
```

输出结果为

```
False
```
```python
print(os.path.join('windows\temp', 'c:\\', 'csv', 'test.csv'))
```

输出结果为

```
'c:\\csv\\test.csv'
```

【例 6.11】 使用代码统计一个文件夹中所有文件的大小。

解题分析：首先需要获取文件夹下的所有文件，然后使用 getsize 获取每个文件的大小。

参考代码如下：

```python
def count_size(path):
    size_sum = 0
    name_list = os.listdir(path)              #获取路径下的文件名
    for name in name_list:
        path_abs = os.path.join(path,name)    #将文件名和路径名组合成绝对路径
        if os.path.isdir(path_abs):           #判断路径是否存在
            size = count_size(path_abs)
            size_sum += size
        else:
            size_sum += os.path.getsize(path_abs)
    return size_sum
path = 'G:\\jupyter notebook \\file'
ret = count_size(path)
print('路径%s下的文件大小为%d'%(path,ret))
```

结果：路径 G:\jupyter notebook \file 下的文件大小为 38193

6.2.3 shutil 模块

shutil 模块是 Python 中的高级文件操作模块，能与 os 模块形成互补的关系，通过前面的学习知道 os 模块主要是提供文件或文件夹的新建、删除、查看以及目录的路径操作等方法。而 shutil 模块则是提供了移动、赋值、压缩、解压等文件的相关操作。其中 shutil 模块中的常见方法如表 6.4 所示。

表 6.4 shutil 模块中的常见方法

方法	说明
shutil.copy(src,dst)	将 src 文件复制到 dst 文件或者目录中
shutil.copy2(src,dst)	复制和 copy 差不多，只是复制后的结果保留了原来所有信息，包括状态信息
shutil.copyfile(src,dst)	将 src 文件中的内容拷贝到另一个 dst 文件中，若 dst 文件不存在，将会生成一个 dst 文件，若存在则会覆盖原来的 dst 文件内容
shutil.copytree(src,dst,ignore)	复制 src 整个目录文件到 dst 目录中，不需要的文件类型可以 ignore 不复制。其中 ignore=shutil.ignore_patterns()表示对目录中的内容进行忽略筛选，将对应的内容进行忽略
shutil.move(src,dst)	移动 src 文件或文件夹到 dst 路径下
shutil.disk_usage(path)	查看 path 盘符下的磁盘使用信息，返回磁盘的总储存 total，已用储存 used 和剩余存储 free
Shutil.make_archive(base_name,format,root_dir=None)	压缩打包。base_name：压缩包的文件名，或压缩包的路径，只是文件名则保存至当前路径，否则保存至指定路径。format：压缩格式："zip""tar""batar""gatar"；root_dir：被打包压缩的文件
shutil.unpack_archive(filename,extract_dir=None,format=None)	解压文件。Filename：文件路径；extract_dir：解压至文件夹路径，文件夹可以不存在，会自动生成；format：解压格式："zip""tar""batar""gatar"，默认为 None，会根据扩展名自动选择解压格式
shutil.rmtree(path [,ignore_errors])	移除 path 路径下的文件

下面通过一些例子对表格中的方法进行使用。如：

```
import shutil
#将文件当前目录中的 text.txt 文件复制到上一级目录中..\\text.txt
shutil.copy('text.txt','..\\text.txt')
```

结果：

```
'..\\text.txt'
#text2.txt 不存在的情况下，会生成一个
shutil.copyfile('text.txt','text2.txt')
```

结果：

```
'text2.txt'
#将 file 目录中的文件选择性忽略 text.txt 和 text2.txt 文件后复制到指定路径下
shutil.copytree('..\\file','G:\\jupyter notebook\\text1',ignore = shutil.ignore_patterns('text.txt','text2.txt'))
```

结果：

```
'G:\\jupyter notebook\\ text1'
#将目录中的 G:\\jupyter notebook\\use 文件移到 file 文件中
shutil.move('G:\\jupyter notebook\\use','..\\file')
```

结果：

```
'..\\file\\use'
```

```python
#查看C盘中的使用信息
shutil.disk_usage('c:')
```

结果：

```
usage(total = 254721126400, used = 79720734720, free = 175000391680)
#将use文件压缩为zip文件
shutil.make_archive('use','zip')
```

结果：

```
'use.zip'
#将use.zip文件解压放在目录G:\\jupyter notebook下
shutil.unpack_archive('use.zip','G:\\jupyter notebook ')
#移除use文件
shutil.rmtree('.\\use')
```

6.3 编程实战

【例 6.12】 文本词频统计：统计《三国演义》中第五十二回到六十回中出现频率较高的人物的次数。

解题分析：从想法上来看，主要是对文本中的词进行统计次数，即进行累计加和即可。不同的单词有自己出现的次数，可以考虑使用字典进行统计，其中键为词语，值为出现的次数。而这里的关键是提取出词语，英文是以空格和标点符号来分隔词语，获取单词并统计其数量相对来说较为容易。但在中文中没有明显的分隔符，那么在进行次数统计之前，需要对中文文本进行分词。

中文分词在 Python 中提供了 jieba 第三方分词库，因此在使用之前需要安装。可以直接使用 pip 指令进行安装，安装之后在 jieba 库中提供了函数 lcut() 对文本进行分词。那么分词之后便可以对词语进行统计。

参考代码如下：

```python
import jieba                                    #导入jieba库
with open("三国演义.txt", "r")as file:            #打开只读模式文件
    txt = file.read()                           #打开文件并读取文件内容
content = jieba.lcut(txt)                       #进行分词,将结果放入content列表中
words = {}                                      #定义字典用于存储词语和计数器
for word in content:
    if len(word) == 1:                          #排除单个字符的分词结果
        continue
    else:
        words[word] = words.get(word,0) + 1     #计数器累加
items = list(words.items())                     #将字典元素转换为列表
items.sort(key = lambda x:x[1], reverse = True) #排序
for i in range(20):                             #输出次数在前20的词语
    word, count = items[i]
    print ("{0:<10}{1:>5}".format(word, count)) #格式化输出
```

结果：

```
Building prefix dict from the default dictionary ...
Loading model from cache C:\Users\IBM\AppData\Local\Temp\jieba.cache
Loading model cost 1.410 seconds.
Prefix dict has been built succesfully.
荆州          120
玄德          103
曹操          97
马超          79
孔明          70
主公          69
周瑜          64
刘备          62
孙权          49
玄德曰        48
如此          46
丞相          44
鲁肃          40
却说          40
东吴          38
赵云          38
二人          38
孔明曰        37
商议          37
黄忠          36
```

通过程序的输出结果可知，我们需要的是统计人物出现的次数，而在统计中会出现荆州（地名）、主公、如此等这种与人物无关的词语，而且会出现一个人物有不同的称呼这种情况，如玄德即刘备，所以需要对程序做出进一步的完善，增加同一个人物不同名字的处理，删除与人物无关的词语等功能。

参考代码如下：

```python
import jieba                                    # 导入 jieba 库
# 与人物无关的词库
excludes = {"将军","却说","主公","荆州","二人","不可","不能","如此","东吴","商议"}
with open("三国演义.txt", "r")as file:
    txt = file.read()                            # 打开文件并读取文件内容
content = jieba.lcut(txt)                        # 进行分词,将结果放入 content 列表中
words = {}                                       # 定义字典用于存储词语和计数器
for word in content:                             # 遍历 content
    if len(word) == 1:                           # 排除单个字符的分词结果
        continue
    # 同一人物不同名字的处理功能
    elif word == "诸葛亮" or word == "孔明曰":
        rword = "孔明"
    elif word == "关公" or word == "云长":
        rword = "关羽"
    elif word == "玄德" or word == "玄德曰":
        rword = "刘备"
```

```
        elif word == "孟德" or word == "丞相":
            rword = "曹操"
        else:
            rword = word
        words[rword] = words.get(rword,0) + 1      #计数器累加
for word in excludes:                               #排除词库 excludes 中的内容
    del(words[word])
items = list(words.items())                         #将字典元素转换为列表
items.sort(key = lambda x:x[1], reverse = True)     #排序
for i in range(10):                                 #输出前 10 项
    word, count = items[i]
    print ("{0:<10}{1:>5}".format(word, count))
```

结果：

```
Building prefix dict from the default dictionary ...
Loading model from cache C:\Users\IBM\AppData\Local\Temp\jieba.cache
Loading model cost 1.199 seconds.
Prefix dict has been built succesfully.
刘备         213
曹操         142
孔明         118
马超          79
周瑜          64
孙权          49
鲁肃          40
东吴          38
赵云          38
商议          37
```

习　题

1. 选择题

(1) 下列选项中,哪个不是读文件的方法(　　)。

　　A. read()　　　　　B. reads()　　　　　C. readline()　　　　　D. readlines()

(2) 关于 Python 对文件的处理,以下选项中描述错误的是(　　)。

　　A. Python 通过解释器内置的 open()函数打开一个文件

　　B. 当文件以文本方式打开时,读写按照字节流方式

　　C. 文件使用结束后要用 close()方法关闭,释放文件的使用授权

　　D. Python 能够以文本和二进制两种方式处理文件

(3) 文件 book.txt 在当前程序所在目录内,其内容是一段文本: book,下面代码的输出结果是(　　)。

```
txt = open('book.txt','r')print(txt)
txt.close()
```

　　A. book.txt()　　　　　　　　　　　　　B. txt()

        C. book   D. 以上答案都不对
    (4) 以下选项中,不是 Python 对文件的打开模式的是(　　)。
        A. 'w'   B. 'a'   C. 'c'   D. 'r'
    (5) 对于一个已有文件,先需要在文件末尾追加信息,正确的打开模式是(　　)。
        A. 'w'   B. 'a'   C. 'w+'   D. 'r'
    (6) 下列方法中,可用于向文件写入内容的方法是(　　)。
        A. open()   B. write()   C. read()   D. close()
    (7) 下列选项中,用于读取文件中的一行内容的语句是(　　)。
        A. file.read()   B. file.readline()
        C. file.readlines()   D. file.read(10)
    (8) 下列选项中,不是对文件及文件夹操作的模块是(　　)。
        A. os   B. shutil   C. os.path   D. os.shutil

2. 填空题

(1) 打开一个文件使用_____方法;读入文件数据可采用的方法有_____;关闭文件应调用_____方法。

(2) 在文件读取方法中,读取文件所有行并返回一个列表的方法是_____。

(3) 对文件进行复制是_____模块中的_____函数。

(4) 返回工作路径的模块是_____函数。

3. 编程题

(1) 编写程序,将下面的 message 中的"dog"替换成"cat",并将 message 中的信息保存到 text.txt 文件中。

```
message = "I really like dogs"
```

(2) 编写一个 while 循环,询问用户为何喜欢编程,每当用户输入一个原因后,都将其添加到一个存储所有原因的文件中。

(3) 有两个文件 A 和 B,各存放一条信息,要求将两个文件的信息合并,并输出到新文件 C 中。

第 7 章

常用包介绍

NumPy 是使用 Python 进行科学计算的基础包,它可以提供数组支持以及相应的高效处理函数,是 Python 数据分析的基础;Pandas 是 Python 的一个数据分析包,是基于 NumPy 的一种工具,该工具是为了解决数据分析任务而创建的。Matplotlib 是强大的数据可视化工具和作图库,是主要用于绘制数据图表的 Python 库,提供了绘制各类可视化图形的命令字库、简单的接口,可以方便用户轻松掌握图形的格式,绘制各类可视化图形。本章将介绍这三种常用包的基本用法。

本章主要内容:
- NumPy 数组操作;
- Pandas 数据框操作;
- Matplotlib 可视化。

7.1 NumPy 数组操作

7.1.1 什么是 ndarray

1. 矩阵

数学里的矩阵(Matrix)是一个按照长方形阵列排列的数的集合,它起源于方程组的系数及常数所构成的方阵。矩阵是代数学里常见的工具,主要应用于统计学、物理学、力学、计算机图形学等领域。处理矩阵的工具中最著名的计算平台是 Matlab(矩阵实验室),它采用矩阵作为最基础的变量类型。矩阵有维度的概念,一维矩阵成为线性矩阵或向量,类似于 Python 中的列表;二维矩阵呈表格的样式(行和列)。

2. Python 中的数组

(1) 在 Python 的基础语法中,并未提供数组类型的数据结构。数组的功能可以用列表和元组来实现。但由于 Python 的列表和元组里的每个元素都是作为"对象"来进行操作的,每个成员都必须存储引用和对象的值。

(2) Python 有些第三方扩展包可以优化列表和元组,进而实现数组的功能,比如 NumPy、array 等,array 是 Python 标准库中提供的一个数据类型,用于保存数组类型的数据,但它不支持多维的情形,所包含的函数也不多,因此不太常用。

(3) NumPy 是 Python 的一个高性能科学计算和数据分析基础库,其处理的最基本数据类型是由相同类型元素构成的多维数组(ndarray),它常用来替代列表和元组来实现数组功能。同类型的要求即是数组中的所有元素的类型属性必须完全相同,ndarray 数据结构的维度称为轴(axes),其个数称作秩(rank)。比如一维数组(向量)的秩为 1,二维(行列)数组的秩为 2。它是用 C 实现的,能更加节省内存和运行时间。

在调用 ndarray 之前需要导入 NumPy 模块,该模块也称为矩阵运算库:

```
import numpy as np
```

7.1.2 ndarray 数组的操作

NumPy 库中有很多用于创建不同类型的数组对象的函数,比如 arange()、array()、zeros()、ones()、full()、zeros_like()、ones_like()、eye()等。

1. 创建 ndarray 数组

np.arange(x,y,n)表示创建一个从 x 到 y、步长为 n 的数组对象。不指定步长 n,则默认是 1。里面有很多自带的函数,它们能够创建很多不同类型的数组对象。

【例 7.1】 使用 arange 函数创建从 0 到 10、步长为 1 的一维数组。

```
Array1 = np.arange(1,10)
print(Array1)
```

结果:

[1 2 3 4 5 6 7 8 9] # arange 函数返回的数组默认第一个元素是 0,结束元素是指定的数值 10 的前一个数字 9

【例 7.2】 从 1 开始,到 10 之前一位结束,步长为 2 表示相邻两个元素的差值是 2。

```
Array2 = np.arange(1,10,2)
print(Array2)
```

结果:[1 3 5 7 9]

【例 7.3】 创建一维数组。

```
Array3 = np.array([5,6,7])
print(Array3)
```

结果:[5 6 7]

【例 7.4】 创建二维数组。

```
Array4 = np.array([[5,6,7],[8,9,10]])
print(Array4)
```

结果：[[5 6 7] [8 9 10]]

```
Zero1 = np.zeros(5)
print(Zero1)
```

结果：[0. 0. 0. 0. 0.]

【例 7.5】 创建 4 行 5 列的二维全 0 数组。

```
Zero2 = np.zeros((4,5))
print(Zero2)
```

结果：

[[0. 0. 0. 0. 0.]
 [0. 0. 0. 0. 0.]
 [0. 0. 0. 0. 0.]
 [0. 0. 0. 0. 0.]]

【例 7.6】 创建 4 行 5 列、元素均为 2 的二维数组。

```
Array5 = np.full((4,5))
print(Array5)
```

结果：

[[2 2 2 2 2]
 [2 2 2 2 2]
 [2 2 2 2 2]
 [2 2 2 2 2]]

【例 7.7】 创建随机数组。

```
rand = np.random.RandomState(10)
Array5 = rand.randint(0,20,[3,4])    #0 和 20 是随机数的范围[3,4]表示生成数组的形状(3 行 4 列)
print(Array5)
```

结果：

[[9 4 15 0]
 [17 16 17 8]
 [9 0 10 8]]

2. ndarray 数组的属性

(1) shape：多维数组的形状，其取值是元组或列表。

【例 7.8】 生成一个所有元素均为 1、3 行 4 列的数组。

```
Array6 = np.ones((3,4))
print(Array6.shape)
```

结果：(3, 4)

【例 7.9】 按元组序号取值。

```
Array7 = np.zeros((4,5))
L1 = Array7.shape[0]
```

```
L2 = Array7.shape[1]
print(L1,L2)
```

结果:4 5

(2) dtype:多维数组元素的数据类型,其取值为 np.int、np.float 等 NumPy 模块中定义的数据类型。NumPy 模块中定义的数据类型比 Python 自带的数据类型更多。

【例 7.10】 查看类型属性。

```
Dt1 = Array7.dtype
print(Dt1)
```

结果:float64

【例 7.11】 指定生成数组的形状 shape 和元素数据类型 dtype。

```
Array8 = np.ones(shape = (3,4),dtype = np.int)
print(Array8)
```

结果:

```
[[1 1 1 1]
 [1 1 1 1]
 [1 1 1 1]]
```

【例 7.12】 如果要进行数据类型转换,可使用函数 astype()。比如 Array7 的数据类型为 float64,现将其转换为 int32 类型。

```
Array9 = Array7.astype(np.int32)
Dt2 = Array9.dtype
print(Dt1,Dt2)
```

结果:float64 int32

(3) ndim:多维数组元素的维度,也称为秩。

【例 7.13】 求维度和秩。

```
ArrNdim1 = Array8.ndim
print(Array8)
print(ArrNdim1)
```

结果:

```
[[1 1 1 1]
 [1 1 1 1]
 [1 1 1 1]]
2
```

(4) size:数组元素的总个数。

【例 7.14】 求元素个数。

```
ArrSize1 = Array8.size
print(ArrSize1)
```

结果:12

3. ndarray 数组的属性操作函数

(1) ndarray.reshape(m,n):修改数组的形状,返回一个维度为(m,n)的新数组,原数组不变。新数组和原数组的元素个数必须相同,即 m 和 n 的乘积必须不变,否则会报错。

【例 7.15】 将 shape 为 3 行 4 列的数组修改为新的 4 行 3 列数组,原数组不变。

```
Array10 = np.ones((3,4))
Array11 = Array10.reshape(4,3)
print(Array10,Array11)
```

结果:

```
[[1. 1. 1. 1.]
 [1. 1. 1. 1.]
 [1. 1. 1. 1.]] [[1. 1. 1.]
 [1. 1. 1.]
 [1. 1. 1.]
 [1. 1. 1.]]
```

(2) ndarray.resize(m,n):直接修改原数组的形状,返回一个维度为(m,n)的原数组,原数组被改变。原数组的元素个数在修改前后必须相同,即 m 和 n 的乘积必须不变,否则会报错。

【例 7.16】 将 shape 为 3 行 4 列的数组直接修改为 4 行 3 列。

```
Array10 = np.ones((3,4))
print(Array10)
Array10.resize(4,3)
print(Array10)
```

结果:

```
[[1. 1. 1. 1.]
 [1. 1. 1. 1.]
 [1. 1. 1. 1.]]
[[1. 1. 1.]
 [1. 1. 1.]
 [1. 1. 1.]
 [1. 1. 1.]]
```

(3) ndarray.swapaxes(axm,axn):将数组 n 个维度中的任意两个维度进行调换,返回一个的新数组,原数组不变。

【例 7.17】 生成长宽高分别为 2,3,4 的数组。

```
Array12 = np.ones(shape = (2,3,4),dtype = np.int)
print(Array12)
```

结果:

```
[[[1 1 1 1]
  [1 1 1 1]
  [1 1 1 1]]
```

```
[[1 1 1 1]
 [1 1 1 1]
 [1 1 1 1]]]
```

【例 7.18】 第一维和第三维的维度交换,返回一个新的数组。

```
Array13 = Array12.swapaxse(0,2)
Print(Array13,Array12)
```

结果:

```
[[[1 1]
  [1 1]
  [1 1]]

 [[1 1]
  [1 1]
  [1 1]]

 [[1 1]
  [1 1]
  [1 1]]

 [[1 1]
  [1 1]
  [1 1]]] [[[1 1 1 1]
  [1 1 1 1]
  [1 1 1 1]]

 [[1 1 1 1]
  [1 1 1 1]
  [1 1 1 1]]]
```

(4) ndarray.sflatten():将 n 维数组进行降维处理,返回一个新的一维数组,原数组不变。

【例 7.19】 数组降维。

```
Array10 = np.ones((3,4))
Array14 = Array10.flatten()
print(Array10,Array14)
```

结果:

```
[[1. 1. 1. 1.]
 [1. 1. 1. 1.]
 [1. 1. 1. 1.]] [1. 1. 1. 1. 1. 1. 1. 1. 1. 1. 1. 1.]
```

4. ndarray 数组的切片读取

ndarray 数组的切片与列表的操作类似,返回的是原始数组的视图,任何的修改都直接作用于原数组。

【例 7.20】 创建试验数组。

```
Array14 = np.array(range(1,15))        #效果等同于 np.arange(10,20)
print()
```

结果:[1 2 3 4 5 6 7 8 9 10 11 12 13 14]

【例 7.21】 下标是从 0 开始,类似于 C 语言的数组下标。

```
print("Array14[0] = ",Array14[0])
```

结果:Array14[0] = 1

【例 7.22】 ndarray 也有类似列表的负下标,−1 为倒数第一个元素,最小负数下标为数组长度,超出会报错。

```
print("Array14[-2] = ",Array14[-2])
```

结果:Array14[-2] = 13

【例 7.23】 切片操作指定始终下标和步长。

```
print("Array14[1:14:3] = ",Array14[1:14:3])
```

结果:Array14[1:14:3] = [2 5 8 11 14]

【例 7.24】 切片操作指定终点下标和步长,省略开始下标时,默认的开始线标为 0。

```
print("Array14[:14:3] = ",Array14[:14:3])
```

结果:Array14[:14:3] = [1 4 7 10 13]

【例 7.25】 切片操作指定步长,省略开始下标和终点下标时,默认开始线标为 0,默认终点下标为最后一个 14。

```
print("Array14[::3] = ",Array14[::3])
```

结果:Array14[::3] = [1 4 7 10 13]

【例 7.26】 切片操作省略步长,默认为 1,省略开始下标和终点下标时,默认开始线标为 0,默认终点下标为最后一个 14。

```
print("Array14[::] = ",Array14[::])
```

结果:Array14[::] = [1 2 3 4 5 6 7 8 9 10 11 12 13 14]

【例 7.27】 切片操作指定终点下标,省略开始下标和步长,步长默认为 1,默认开始线标为 0。

```
print("Array14[:10:] = ",Array14[:10:])
```

结果:Array14[:10:] = [1 2 3 4 5 6 7 8 9 10]
```
print("Array14[:10] = ",Array14[:10])         #步长前的冒号":"可以不要
```
结果:Array14[:10] = [1 2 3 4 5 6 7 8 9 10]

【例 7.28】 切片操作指定开始下标,省略终点下标和步长,步长默认为 1,默认终点线标为最后一个 14。

```
print("Array14[5::] = ",Array14[5::])
```

结果：Array14[5：：] = [6 7 8 9 10 11 12 13 14]

【例 7.29】 步长值为负数。

print("Array14[14：1：－2] = ",Array14[14：1：－2])

结果：Array14[14：1：－2] = [14 12 10 8 6 4]
print("Array14[：：－2] = ",Array14[：：－2])

结果：Array14[：：－2] = [14 12 10 8 6 4 2]

【例 7.30】 创建二维数组。

Array15 = np.array([[1,2,3,4],[5,6,7,8],[9,10,11,12]])
print(Array15)

结果：

[[1 2 3 4]
 [5 6 7 8]
 [9 10 11 12]]

【例 7.31】 取行标为 2 的一行元素，即第 2 行。

print(Array15[1])

结果：[5 6 7 8]

【例 7.32】 取行标为 1、列标为 2 的元素，即第 2 行第 3 列的元素。

print(Array15[1,2])

结果：7

【例 7.33】 嵌套中括号表示切片处理，取行标为 1 和 2 的元素，即第 2 行和第 3 行。

print(Array15[[1,2]])

结果：

[[5 6 7 8]
 [9 10 11 12]]

【例 7.34】 嵌套中括号表示切片处理。

print(Array15[[1,2],2])   # 取行标为 1 和 2、列标为 2 的元素

结果：[7 11]

【例 7.35】 取指定列的元素。

print(Array15[：,0：2])   # 取列标为 0、1 的元素，即第 1、2 列

结果：

[[1 2]
 [5 6]
 [9 10]]

5. ndarray 数组的运算

(1) 转置,即行列数调换。首先生成一个 3 行 4 列的数组。

```
Array16 = np.arange(12).reshape([3,4])
print(Array16)
```

结果:

```
[[ 0  1  2  3]
 [ 4  5  6  7]
 [ 8  9 10 11]]
```

【例 7.36】 转置矩阵(数组)为 4 行 3 列,用 transpose 方法或者 T 属性(即 transpose 首字母大写)操作。

```
print(Array16.transpose())
```

结果:

```
[[ 0  4  8]
 [ 1  5  9]
 [ 2  6 10]
 [ 3  7 11]]
```

```
print(Array16.T)
```

结果:

```
[[ 0  4  8]
 [ 1  5  9]
 [ 2  6 10]
 [ 3  7 11]]
```

(2) 数组的计算。

【例 7.37】 数组加法:两个数组对应位置的元素相加。

```
Array17 = np.array([[1,2,3],[4,5,6]])
Array18 = np.ones((2,3))                    #结构均为 2 行 3 列
print(Array17 + Array18)
```

结果:

```
[[2. 3. 4.]
 [5. 6. 7.]]
```

【例 7.38】 数组减法:两个数组对应位置的元素相减。

```
print(Array17 - Array18)
```

结果:

```
[[0. 1. 2.]
 [3. 4. 5.]]
```

【例 7.39】 数组乘法:两个数组对应位置的元素相乘。

```
print(Array17 * Array17)
```

结果：

[[1 4 9]
 [16 25 36]]

【例 7.40】 数组除法：两个数组对应位置的元素相除。

```
print(Array18/Array17)
```

结果：

[[1.   0.5   0.33333333]
 [0.25   0.2   0.16666667]]

(3) 数组的合并与拆分。

【例 7.41】 数组的横向拆分：np.split()函数。

```
Array19 = np.array([1,2,3,4,5,6,7,8,9,10])
Array19_1, Array19_2, Array19_3 = np.split(Array19,[3,8])    #[3,8]表示拆分位置的索引号.
print(Array19_1, Array19_2, Array19_3)
```

结果：[1 2 3] [4 5 6 7 8] [9 10]

【例 7.42】 数组的纵向拆分：np.vsplit()函数。

```
Array19 = np.array([1,2,3,4,5,6,7,8,9,10])
Array19_1, Array19_2, Array19_3 = np.split(Array19,[3,8])    #[3,8]表示拆分位置的索引号.
print(Array19_1, Array19_2, Array19_3)
```

结果：[1 2 3] [4 5 6 7 8] [9 10]

```
Array20 = Array19.reshape(5,2)
print(Array20)
```

结果：

[[1 2]
 [3 4]
 [5 6]
 [7 8]
 [9 10]]

```
Array20_1,Array20_2,Array20_3 = np.vsplit(Array20,[1,3])    #[1,3]表示拆分位置的索引号
print(Array20_1,Array20_2,Array20_3)
```

结果：

[[1 2]] [[3 4]
 [5 6]] [[7 8]
 [9 10]]

【例 7.43】 数组的合并：np.concatenate((array_1,array_2),axis=0)函数中,axis的取值表示哪个维度或者哪个轴；np.hstack([array_1,array_2])函数,表示横向合并(列数相同)；np.vstack([array_1,array_2])函数,表示纵向合并(行数相同)。

```
print(Array20_2,Array20_3)
```

结果：

[[3 4][5 6]]
[[7 8][9 10]]
print(np.concatenate((Array20_2,Array20_3),axis = 0))   #Y轴方向合并

结果：

[[3, 4],
 [5, 6],
 [7, 8],
 [9, 10]]
print(np.concatenate((Array20_2,Array20_3),axis = 1))   #X轴方向合并

结果：

[[3, 4, 7, 8],
 [5, 6, 9, 10]]
print(np.hstack([Array20_2,Array20_3]))   #横向合并

结果：

[[3 4 7 8]
 [5 6 9 10]]
print(np.vstack([Array20_2,Array20_3]))   #纵向合并

结果：

[[3 4]
 [5 6]
 [7 8]
 [9 10]]

(4) 数组的插入与删除：np.insert()与np.delete()分别实现数组插入新元素和删除指定元素。

【例7.44】 插入新元素。

Array19 = np.array([1,2,3,4,5,6,7,8,9,10])
Array21 = np.insert(Array19,3,100)   #在下标为3(第4个)的元素前面插入新元素100,返回一个
                                      #新的数组,原数组不变
print(Array19)
print(Array21)

结果：

[1 2 3 4 5 6 7 8 9 10]
[1   2   3 100   4   5   6   7   8   9 10]

【例7.45】 删除指定元素。

Array19 = np.array([1,2,3,4,5,6,7,8,9,10])
Array22 = np.delete(Array19,3)   #删除下标为3(第4个)的元素,返回一个新的数组,原数组不变

```
print(Array19)
print(Array22)
```

结果：

[1 2 3 4 5 6 7 8 9 10]
[1 2 3 5 6 7 8 9 10]

6. ndarray 数组的排序

```
Array23 = np.array([2,5,4,8,9,4,5,6,10])
```

(1) 返回排序结果：np.sort()。

```
print(np.sort(Array23))
```

结果：[2 4 4 5 5 6 8 9 10]

(2) 返回排序后的索引结果：np.argsort()。

```
print(np.argsort(Array23))
```

结果：[0 2 5 1 6 7 3 4 8]

(3) 多维数组排序：np.sort(array,axis)。

【例 7.46】 多维数组按指定的维度排序。

```
Array24 = np.array([2,34,4,56,9,43,5,66,10,32,34,8,6,48,78,11,100,81]).reshape(3,6)
print(Array24)
```

结果：

[[2 34   4 56   9 43]
 [5 66 10 32 34   8]
 [6 48 78 11 81 100]]

【例 7.47】 按列排序，每列各自排序。

```
print(np.sort(Array24,axis = 0))
```

结果：

[[2 34   4 11   9   8]
 [5 48 10 32 34 43]
 [6 66 78 56 81 100]]

【例 7.48】 按行排序，每行各自排序。

```
print(np.sort(Array24,axis = 1))
```

结果：

[[2   4   9 34 43 56]
 [5   8 10 32 34 66]
 [6 11 48 78 81 100]]

7.2　Pandas 数据框操作

7.2.1　什么是 DataFrame(数据框)

1．DataFrame(数据框)

数据框是一种二维数据结构，其数据以表格的方式在行和列中对齐，类似于 Excel 表格。它是数据科学中应用最为广泛的数据结构之一，在 Python 和 R 语言中很常用。DataFrame 的单元格可以存放数值、字符串等，这和 excel 表很像。其特点是列与列之间的数据类型是不同的；行、列数可修改；行和列有标记；行和列可进行算术运算。数据框的数据结构如表 7.1 所示。

表 7.1　数据框的数据结构

类别	名称	索引	数量
行	index	index	index.size
列	columns	columns	index.size

典型的一个数据框为表 7.2 的格式。

表 7.2　一个典型的数据框格式

疫情地区	现有确诊(人)	累计确诊(人)	死亡(人)
美国	2104834	4315926	149400
巴西	692458	2396434	86496

2．Pandas 包的数据框

Pandas 包提供了这样一种类似关系表类的数据结构——DataFrame，它提供了创建数据框、删除数据框元素、条件过滤、算术运算、描述性统计分析、排序、导入导出、缺失值处理及分组统计等操作。

在进行数据框操作之前需要导入 Pandas 模块：

```
import pandas as pd
```

7.2.2　DataFrame(数据框)的操作

1．DataFrame(数据框)的创建

数据框的创建方法通常是两种：一是直接定义；二是导入定义。

(1) 直接定义：pd.DataFrame()，其参数可以是 ndarray 数组、列表、元组、字典等。

【例 7.49】　ndarray 数组作参数。

```
Df1 = pd.DataFrame(np.arange(20).reshape(4,5))
print(Df1)                        #结果的行标题和列标题分别为
                                  #行和列的索引
```

结果：

```
   0   1   2   3   4
0  0   1   2   3   4
1  5   6   7   8   9
2  10  11  12  13  14
3  15  16  17  18  19
```

【例 7.50】 列表作参数。

```
Lst1 = [['美国',75788,14940],['巴西',44539,86496],['印度',59701,32190]]
                                                    # 包含 3 个不同的子列表
# 该数据为截至 2020 年 7 月 26 日下午 17：30 的疫情数据
Df2 = pd.DataFrame(Lst1)
print(Df2)
```

结果：

```
    0     1      2
0  美国  75788  14940
1  巴西  44539  86496
2  印度  59701  32190
```

【例 7.51】 元组作参数(列表中的项为元组)。

```
Lst2 = [('美国',75788,14940),('巴西',44539,86496),('印度',59701,32190)]
                                                    # 包含 3 个不同的元组项
Df3 = pd.DataFrame(Lst2)
print(Df2)
```

结果：

```
    0     1      2
0  美国  75788  14940
1  巴西  44539  86496
2  印度  59701  32190
```

【例 7.52】 字典作参数。

```
Data1 = {'疫情地区':['美国','巴西','印度'],'现有':[75788,44539,59701],'累计':[14940,86496,
32190]}
Row_index = ['one','two','three']
Col_names = ['疫情地区','现有','累计']
Df3 = pd.DataFrame(Data1,columns = Col_names,index = Row_index)
                                            # columns 为列标题名,index 为行标题名
print(Df3)
```

结果：

```
       疫情地区  现有    累计
one     美国   75788  14940
two     巴西   44539  86496
three   印度   59701  32190
```

(2) 导入定义：用 Pandas 包导入一个外部的数据文件时,得到的结果是一个 DataFrame 数据框对象类型。有时在导入外部数据文件会出现"乱码"的情况,原因是外部

文件保存时的字符集编码有问题,可导入时增加 encoding 属性的设置。

【例 7.53】 指定编码格式为'utf-8'。

```
Df4 = pd.read_csv('D:/global datato 2020.7.26(no header).csv',encoding = 'utf-8')
print(Df4.head())        #结果默认将 csv 文件的第一行作为列标题(表头)
                         #若 csv 文件没有列标题(表头),则增加参数 header = None
```

结果:

```
     美国      75788   2104834   4315926   2061692   149400
0    巴西      44539   692458    2396434   1617480   86496
1    印度      59701   470560    1393675   890925    32190
2    英国      767     251516    298681    1427      45738
3    俄罗斯    5871    198966    812485    600250    13269
4    南非      13944   164491    434200    263054    6655
```

```
Df5 = pd.read_csv('D:/global datato 2020.7.26(no header).csv',encoding = 'utf-8',header = None)
print(Df5.head())        #head()显示前 5 行
```

结果:

```
     0       1       2         3         4         5
0    美国    75788   2104834   4315926   2061692   149400
1    巴西    44539   692458    2396434   1617480   86496
2    印度    59701   470560    1393675   890925    32190
3    英国    767     251516    298681    1427      45738
4    俄罗斯  5871    198966    812485    600250    13269
```

【例 7.54】 导入的文件本身带有表头(列标题)。

```
Df6 = pd.read_csv('D:/global datato 2020.7.26.csv',encoding = 'utf-8')
print(Df6.shape)         #数据框的形状,即行和列的数量
print(Df6.head())
```

结果: (207, 6)

```
     疫情地区  新增    现有      累计      治愈      死亡
0    美国    75788   2104834   4315926   2061692   149400
1    巴西    44539   692458    2396434   1617480   86496
2    印度    59701   470560    1393675   890925    32190
3    英国    767     251516    298681    1427      45738
4    俄罗斯  5871    198966    812485    600250    13269
```

【例 7.55】 选取指定列。

```
Df7 = Df6[['疫情地区','现有','死亡']]
print(Df7.head())
```

结果:

```
     疫情地区  现有      死亡
0    美国    2104834   149400
1    巴西    692458    86496
```

2	印度	470560	32190
3	英国	251516	45738
4	俄罗斯	198966	13269

```
print(Df7.tail())                    #显示最后 5 行
```

结果：

	疫情地区	现有	死亡
202	马尔维纳斯群岛	0	0
203	格陵兰岛	0	0
204	梵蒂冈	0	0
205	英属维尔京群岛	0	1
206	安圭拉	0	0

2. DataFrame(数据框)的属性

数据框的属性主要包括索引(index)、列(columns)、数据类型(dtypes)和值(values)。

(1) 查看行(索引)或列：查看行名即为行的隐式或显式索引(index 属性)；查看列名即查看列的隐式或显式索引(columns 属性)。

【例 7.56】 查看行名。

```
print(Df6.index)
```

结果：RangeIndex(start = 0, stop = 207, step = 1)

【例 7.57】 查看行数。

```
print(Df6.index.size)
```

结果：207

【例 7.58】 查看所有有效元素的数量。

```
print(Df6.size)
```

结果：1242

【例 7.59】 查看列名。

```
print(Df6.columns)
```

结果：Index(['疫情地区', '新增', '现有', '累计', '治愈', '死亡'], dtype = 'object')

【例 7.60】 查看列数。

```
print(Df6.columns.size)
```

结果：6

【例 7.61】 查看数据框的轴，即同时查看行名和列名。

```
print(Df6.axes)
```

结果：

[RangeIndex(start = 0, stop = 207, step = 1), Index(['疫情地区', '新增', '现有', '累计', '治愈', '死亡'], dtype = 'object')]

(2) 数据类型：类似数组,查看数据框的数据类型用 dtype 属性。

【例 7.62】 查看各列的数据类型。

print(Df6.dtypes)

结果：

```
疫情地区     object
新增         int64
现有         int64
累计         int64
治愈         int64
死亡         int64
dtype: object
```

【例 7.63】 查看指定的数据类型。

print(Df6.死亡.dtypes)   ♯或者用 print(Df6['排名'].dtypes),效果一样

结果：int64

(3) 数据框的值。

print(Df6.values)   ♯结果是 ndarray 数组类型

结果：

```
[['美国' 75788 2104834 4315926 2061692 149400]
 ['巴西' 44539 692458 2396434 1617480 86496]
 ['印度' 59701 470560 1393675 890925 32190]
 ...
 ['梵蒂冈' 0 0 12 12 0]
 ['英属维尔京群岛' 0 0 8 7 1]
 ['安圭拉' 0 0 3 3 0]]
```

(4) 删除行或列。

【例 7.64】 按索引号删除指定行 drop()函数。

Df6.drop([3]).head()
Df6.head()   ♯原数据没变

结果：

	疫情地区	新增	现有	累计	治愈	死亡
0	美国	75788	2104834	4315926	2061692	149400
1	巴西	44539	692458	2396434	1617480	86496
2	印度	59701	470560	1393675	890925	32190
4	俄罗斯	5871	198966	812485	600250	13269
5	南非	13944	164491	434200	263054	6655
	疫情地区	新增	现有	累计	治愈	死亡
0	美国	75788	2104834	4315926	2061692	149400
1	巴西	44539	692458	2396434	1617480	86496
2	印度	59701	470560	1393675	890925	32190

3	英国	767	251516	298681	1427	45738
4	俄罗斯	5871	198966	812485	600250	13269

【例 7.65】 原数据框在删除行后本身也跟着变化。

```
Df6.drop([1,3],axis = 0,inplace = True)   #axis = 0指的是列数不变和逐列计算,对行进行操作
Df6.head()             #参数 inplace 表明是否要修改原数据框对象本身,值为 Ture 即要修改原数据框,
                       #值为 False 反之
```

结果:

	疫情地区	新增	现有	累计	治愈	死亡
0	美国	75788	2104834	4315926	2061692	149400
2	印度	59701	470560	1393675	890925	32190
4	俄罗斯	5871	198966	812485	600250	13269
5	南非	13944	164491	434200	263054	6655
6	哥伦比亚	7168	112859	240795	119667	8269

【例 7.66】 切片操作 del()函数。

```
Df6 = pd.read_csv('D:/global data to 2020.7.26.csv',encoding = 'utf - 8')
Df6 = Df6[['疫情地区','新增','治愈']]
print(Df6.head())
del Df6['新增']                          #或用 del(Df6['新增']),原数据框被修改
print(Df6.head())
```

结果:

	疫情地区	新增	治愈
0	美国	75788	2061692
1	巴西	44539	1617480
2	印度	59701	890925
3	英国	767	1427
4	俄罗斯	5871	600250

	疫情地区	治愈
0	美国	2061692
1	巴西	1617480
2	印度	890925
3	英国	1427
4	俄罗斯	600250

【例 7.67】 drop()函数,类似删除行的操作。

```
Df6 = pd.read_csv('D:/global data to 2020.7.26.csv',encoding = 'utf - 8')
Df6 = Df6[['疫情地区','新增','治愈']]
print(Df6.head())
Df6.drop(['治愈'],axis = 1,inplace = True)    #对列进行操作
print(Df6.head())
```

结果:

	疫情地区	新增	治愈
0	美国	75788	2061692
1	巴西	44539	1617480
2	印度	59701	890925
3	英国	767	1427
4	俄罗斯	5871	600250

	疫情地区	新增
0	美国	75788
1	巴西	44539
2	印度	59701
3	英国	767
4	俄罗斯	5871

【例7.68】 按指定条件删除列。

```
Df6 = pd.read_csv('D:/global data to 2020.7.26.csv',encoding = 'utf-8')
Df6 = Df6[['疫情地区','新增','死亡']]
print(Df6[Df6.死亡> 50000][['疫情地区','死亡']].head())    #显示死亡人数超过5万的数据
```

结果：

	疫情地区	死亡
0	美国	149400
1	巴西	86496

（5）增加行或列。

【例7.69】 新增列：在最后一列后面新增"板块"列。

```
Df8 = Df6.head()
Df8['板块'] = ['北美洲','南美洲','亚洲','欧洲','欧洲']
print(Df8)
```

结果：

	疫情地区	新增	死亡	板块
0	美国	75788	149400	北美洲
1	巴西	44539	86496	南美洲
2	印度	59701	32190	亚洲
3	英国	767	45738	欧洲
4	俄罗斯	5871	13269	欧洲

新增列：插入指定列，按索引进行插入

【例7.70】 在索引号为1的前面插入该列。

```
Df8 = Df6.head()
Df8.insert(1,'板块',['北美洲','南美洲','亚洲','欧洲','欧洲'])
print(Df8)
```

结果：

```
       疫情地区      板块     新增      死亡
0       美国       北美洲    75788    149400
1       巴西       南美洲    44539    86496
2       印度       亚洲     59701    32190
3       英国       欧洲     767      45738
4       俄罗斯      欧洲     5871     13269
```

【例 7.71】 插入行：插入新行必须使用显示索引（标签索引）进行插入。

```
Df6 = pd.read_csv('D:/global data to 2020.7.26.csv',encoding='utf-8')
Df6 = Df6[['疫情地区','治愈','死亡']]
Df8 = Df6.tail()
print(Df8)
```

结果：

```
       疫情地区            治愈    死亡
202    马尔维纳斯群岛       13     0
203    格陵兰岛           13     0
204    梵蒂冈            12     0
205    英属维尔京群岛      7      1
206    安圭拉            3      0
```

```
Df8.loc["new",:] = ["南极",0,0]
print(Df8)
```

结果：

```
       疫情地区            治愈     死亡
202    马尔维纳斯群岛       13.0    0.0
203    格陵兰岛           13.0    0.0
204    梵蒂冈            12.0    0.0
205    英属维尔京群岛      7.0     1.0
206    安圭拉            3.0     0.0
new    南极             0.0     0.0
```

（6）修改行或列的元素。

【例 7.72】 修改整行数据。

```
Df6 = pd.read_csv('D:/global data to 2020.7.26.csv',encoding='utf-8')
Df6 = Df6[['疫情地区','治愈','死亡']]
Df8 = Df6.head()
Df8.loc[0,:]=["美国",100,200000]      #修改的是标签索引为0的行
print(Df8)
```

结果：

```
       疫情地区      治愈        死亡
0       美国       100       200000
1       巴西       1617480   86496
2       印度       890925    32190
```

```
3   英国     1427      45738
4   俄罗斯   600250    13269
```

【例7.73】 修改某个指定数据。

```
Df6 = pd.read_csv('D:/global data to 2020.7.26.csv ',encoding = 'utf - 8')
Df6 = Df6[['疫情地区','治愈','死亡']]
Df8 = Df6.head()
Df8.loc[0,["疫情地区","治愈"]] = ["美国","1000"]    #修改的是标签索引为0的行的"疫情地
                                                    #区"和"治愈"列
print(Df8)
```

结果：

```
    疫情地区   治愈      死亡
0   美国     1000     149400
1   巴西     1617480  86496
2   印度     890925   32190
3   英国     1427     45738
4   俄罗斯   600250   13269
```

3. 访问 DataFrame(数据框)的值

(1) 访问行数据：访问指定行可用标签索引(显示索引 loc)或序号索引(隐式索引 iloc)。

【例7.74】 按指定标签取值。

```
Df6 = pd.read_csv('D:/global data to 2020.7.26.csv ',encoding = 'utf - 8')
Df6 = Df6[['疫情地区','治愈','死亡']]
Df8 = Df6.head()
Df8.loc[0]                            # 或 Df8.iloc[0]
```

结果：

```
疫情地区         美国
治愈            2061692
死亡.           149400
Name: 0, dtype: object
```

(2) 访问列数据：访问指定列用列标签来指定某列。

【例7.75】 按指定列取值。

```
Df6["疫情地区"].head()                  #访问"疫情地区"列
```

结果：

```
0   美国
1   巴西
2   印度
3   英国
4   俄罗斯
Name: 疫情地区, dtype: object
```

(3) 列名和行号一同使用访问具体元素数据。

【例 7.76】 按行列号取值。

```
Df6["疫情地区"][100]    #数据框是二维的,即行轴和列轴。数据框默认第 0 轴是列,第 1 轴是行,
                      #所以访问具体位置时,列名在前面,行号在后面
```

结果：'几内亚比绍'

```
Df6.疫情地区[100]
```

结果：'几内亚比绍'   #一样的结果

```
#切片访问元素数据：
Df6["疫情地区"][[10,20]]
```

结果：

```
10    西班牙
20    比利时
Name: 疫情地区, dtype: object
```

4. DataFrame(数据框)运算

(1) 参与计算的数据框若形状不一致时,应先补齐(not a number：NaN)显示索引(index),得到一致的形状后再计算。Python 中数据框是依据显示索引进行计算。

【例 7.77】 修改形状。

```
Df9 = pd.DataFrame(np.arange(12).reshape(3,4))
print(Df9)
```

结果：

```
   0  1  2   3
0  0  1  2   3
1  4  5  6   7
2  8  9  10  11
```

```
Df10 = pd.DataFrame(np.arange(10).reshape(2,5))
print(Df10)
```

结果：

```
   0  1  2  3  4
0  0  1  2  3  4
1  5  6  7  8  9
```

```
Df9 + Df10
```

结果：

```
     0     1     2     3    4
0  0.0   2.0   4.0   6.0  NaN
1  9.0  11.0  13.0  15.0  NaN
2  NaN   NaN   NaN   NaN  NaN
```

(2) 运算符+、-、*、/在数据框的计算中有可能产生较多 Nan 值,而用 pandas 包的成员方法 add()、sub()、mul()、div()可指定用某个值代替 Nan 值,减少 NaN 值。

【例 7.78】 用 fill_value 属性指定代替值。

```
Df11 = Df9.add(Df10,fill_value = 10)    # 将 Df10 中的 NaN 值用 10 代替,而 Df9 中的 NaN 并没有
                                        # 被代替,所以结果中还是存在 NaN 值
print(Df11)
```

结果:

```
      0     1     2     3     4
0   0.0   2.0   4.0   6.0  14.0
1   9.0  11.0  13.0  15.0  19.0
2  18.0  19.0  20.0  21.0   NaN
```

【例 7.79】 数据框与单个值的计算。

```
Df10 + 2
```

结果:

```
   0  1  2   3
0  2  3  4   5  6
1  7  8  9  10 11
Df10 * 2
```

结果:

```
    0   1   2   3
0   0   2   4   6   8
1  10  12  14  16  18
```

(3) 其他运算函数:pandas 包提供其他的一些计算函数,比如 cumsum()函数、sum()函数、排序函数等。

【例 7.80】 cumsum()函数:按列计算,每一行的数据变为前面所有行数据之和。

```
print(Df9)
```

结果:

```
   0  1   2   3
0  0  1   2   3
1  4  5   6   7
2  8  9  10  11
print(Df9.cumsum())
```

结果:

```
    0   1   2   3
0   0   1   2   3
1   4   6   8  10
2  12  15  18  21
```

【例 7.81】 rolling().sum()函数:滚动求和,计算本元素与前面元素的和。

```
Df12 = pd.DataFrame(np.arange(15).reshape(5,3))
print(Df12)
print(Df12.rolling(3).sum())   # 按列计算本元素与前两个元素三个之和,因第 1 行、第 2 行和
                                # 前面一共不够 3 个数,所以对应结果为 NaN 值
```

结果:

	0	1	2
0	0	1	2
1	3	4	5
2	6	7	8
3	9	10	11
4	12	13	14

	0	1	2
0	NaN	NaN	NaN
1	NaN	NaN	NaN
2	9.0	12.0	15.0
3	18.0	21.0	24.0

【例 7.82】 按行求和。

```
print(Df12.rolling(2,axis = 1).sum())   # 按行计算本元素与前一个元素之和.参数 axis 默认是 0,
                                         # 即按列
```

结果:

	0	1	2
0	NaN	1.0	3.0
1	NaN	7.0	9.0
2	NaN	13.0	15.0
3	NaN	19.0	21.0
4	NaN	25.0	27.0

【例 7.83】 按值排序 sort_values()。

```
Df6 = pd.read_csv('D: /global data to 2020.7.26.csv ',encoding = 'utf - 8')
Df6 = Df6[['疫情地区','新增','治愈']]
print(Df6.head(10))
```

结果:

	疫情地区	新增	治愈
0	美国	75788	2061692
1	巴西	44539	1617480
2	印度	59701	890925
3	英国	767	1427
4	俄罗斯	5871	600250
5	南非	13944	263054
6	哥伦比亚	7168	119667

	疫情地区	新增	治愈
7	秘鲁	4865	263130
8	孟加拉国	2520	123882
9	墨西哥	7573	247178

```
Df6.sort_values(by = "治愈",ascending = True).head()
```

结果：

	疫情地区	新增	治愈
186	圣皮埃尔	0	1
206	安圭拉	0	3
193	圣巴泰勒米岛	0	6
205	英属维尔京群岛	0	7
192	蒙特塞拉特	0	10

```
Df6 = pd.read_csv('D:/global data to 2020.7.26.csv ',encoding = 'utf-8')
Df6 = Df6[['新增','治愈']]
Df13 = Df6
print(Df13.head(5))
```

结果：

	新增	治愈
0	75788	2061692
1	44539	1617480
2	59701	890925
3	767	1427
4	5871	600250

【例 7.84】 参数 by 指的是排序关键字，为行标签或列标题；axis 指的是按列或行，默认 axis＝0，按列；参数 ascending 指是否为升序排列，默认为 True。

```
Df13.sort_values(by = 0,axis = 1,ascending = False).head()
```

结果：

	治愈	新增
0	2061692	75788
1	1617480	44539
2	890925	59701
3	1427	767
4	600250	5871

【例 7.85】 按索引排序 sort_index()。

```
Df14 = Df6.sort_values(by = "治愈",ascending = True)
Df14.sort_index(axis = 0,ascending = False).head()
```

结果：

	新增	治愈
206	0	3
205	0	7

```
204   0   12
203   0   13
202   0   13
Df13.sort_index(axis = 1,ascending = False).head()
```

结果:

```
      治愈      新增
0   2061692   75788
1   1617480   44539
2   890925    59701
3   1427      767
4   600250    5871
```

5. DataFrame(数据框)的简单统计

(1) 描述性分析 describe()函数:描述性分析是数据分析中最常用的一类基础性统计方法,它给出数据的一些基本特征,比如计数、均值、方差、最值等。

【例 7.86】 给出数据的基本特征。

```
Df14 = pd.read_csv('D:/global data to 2020.7.26.csv ',encoding = 'utf - 8')
Df14.describe()
```

结果:

	新增	现有	累计	治愈	死亡
count	207.000000	2.070000e+02	2.070000e+02	2.070000e+02	207.000000
mean	1364.096618	2.730791e+04	7.800617e+04	4.758486e+04	3113.400966
std	7435.948125	1.589014e+05	3.634292e+05	2.005633e+05	13449.044120
min	0.000000	0.000000e+00	3.000000e+00	1.000000e+00	0.000000
25%	0.000000	5.750000e+01	5.465000e+02	3.000000e+02	10.000000
50%	23.000000	9.620000e+02	3.291000e+03	1.907000e+03	66.000000
75%	368.000000	6.857500e+03	3.233200e+04	1.775050e+04	557.500000
max	75788.000000	2.104834e+06	4.315926e+06	2.061692e+06	149400.000000

【例 7.87】 数据框过滤。

```
Df14[Df14.死亡> 10000]           # 死亡数超过 10000 的数据
```

结果:

	疫情地区	新增	现有	累计	治愈	死亡
0	美国	75788	2104834	4315926	2061692	149400
1	巴西	44539	692458	2396434	1617480	86496
2	印度	59701	470560	1393675	890925	32190
3	英国	767	251516	298681	1427	45738
4	俄罗斯	5871	198966	812485	600250	13269
7	秘鲁	4865	98724	379884	263130	18030
9	墨西哥	7573	94484	385036	247178	43374
10	西班牙	2255	94111	319501	196958	28432

12	法国	1130	69521	180528	80815	30192
30	伊朗	2316	22259	291172	253213	15700
36	意大利	252	12442	245864	198320	35102

【例 7.88】 频数统计——count()函数。

```
Df14[Df14.死亡>10000].count()        #死亡数超过10000的国家数量
```

结果：

```
疫情地区    11
新增       11
现有       11
累计       11
治愈       11
死亡       11
dtype: int64
```

(2) 分组统计：指根据分组字段，将分析对象划分成不同的部分，进行对比分析各组之间的差异性的一种分析方法。Python 数据框的分组统计用函数 groupby()函数。

【例 7.89】 分组统计。

```
Df15 = pd.read_csv('D:/global data to 2020.7.26.csv ',encoding = 'utf-8')
Df15 = Df15[['疫情地区','新增','治愈']]
Df16 = Df15.head(10)
Df16['板块'] = ['北美洲','南美洲','亚洲','欧洲','欧洲','非洲','南美洲','南美洲','亚洲','南美洲']
                                            #增加"板块"列
print(Df16)
```

结果：

	疫情地区	新增	治愈	板块
0	美国	75788	2061692	北美洲
1	巴西	44539	1617480	南美洲
2	印度	59701	890925	亚洲
3	英国	767	1427	欧洲
4	俄罗斯	5871	600250	欧洲
5	南非	13944	263054	非洲
6	哥伦比亚	7168	119667	南美洲
7	秘鲁	4865	263130	南美洲
8	孟加拉国	2520	123882	亚洲
9	墨西哥	7573	247178	南美洲

【例 7.90】 按"板块"列进行分组求均值。

```
Df16.groupby("板块")["新增","治愈"].mean()        #对"新增""治愈"列求均值
```

结果：

板块	新增	治愈
亚洲	31110.50	507403.50
北美洲	75788.00	2061692.00

```
南美洲    16036.25    561863.75
欧洲       3319.00    300838.50
非洲      13944.00    263054.00
```

【例 7.91】 按"板块"列进行分组计数。

```
Df16.groupby("板块")["新增","治愈"].count()        #对"新增""治愈"列计数
```

结果：

```
板块      新增    治愈
亚洲       2      2
北美洲     1      1
南美洲     4      4
欧洲       2      2
非洲       1      1
```

【例 7.92】 若要同时计算多个统计量，则要用 aggregate() 函数，将多个计算函数的函数名以列表形式作为 aggregate() 函数的参数。

```
Df16.groupby("板块")["新增","治愈"].aggregate(['count','mean','sum','min'])
                                    #对"新增""治愈"列分别求计数、均值、求和、最小值
```

结果：

```
#结果为关系表形式
板块    新增                                  治愈
       count    mean       sum      min     count    mean         sum        min
亚洲    2        31110.50   62221    2520    2        507403.50    1014807    123882
北美洲  1        75788.00   75788    75788   1        2061692.00   2061692    2061692
南美洲  4        16036.25   64145    4865    4        561863.75    2247455    119667
欧洲    2        3319.00    6638     767     2        300838.50    601677     1427
非洲    1        13944.00   13944    13944   1        263054.00    263054     263054
```

【例 7.93】 结果要从关系表形式改为二级索引形式，则在末尾加上 unstack() 函数。

```
Df16.groupby("板块")["新增","治愈"].aggregate(['count','mean','sum','min']).unstack()
```

结果：

```
板块
新增    count    亚洲      2.00
                北美洲    1.00
                南美洲    4.00
                欧洲      2.00
                非洲      1.00
        mean     亚洲      31110.50
                北美洲    75788.00
                南美洲    16036.25
                欧洲      3319.00
                非洲      13944.00
```

```
              sum    亚洲       62221.00
                     北美洲      75788.00
                     南美洲      64145.00
                     欧洲        6638.00
                     非洲       13944.00
              min    亚洲        2520.00
                     北美洲      75788.00
                     南美洲       4865.00
                     欧洲         767.00
                     非洲       13944.00
治愈          count   亚洲           2.00
                     北美洲          1.00
                     南美洲          4.00
                     欧洲           2.00
                     非洲           1.00
              mean   亚洲      507403.50
                     北美洲    2061692.00
                     南美洲     561863.75
                     欧洲      300838.50
                     非洲      263054.00
              sum    亚洲     1014807.00
                     北美洲    2061692.00
                     南美洲    2247455.00
                     欧洲      601677.00
                     非洲      263054.00
              min    亚洲      123882.00
                     北美洲    2061692.00
                     南美洲     119667.00
                     欧洲        1427.00
                     非洲      263054.00
dtype: float64
```

【例 7.94】 统计函数可使用自定义函数。

```
def MyFunc(x):                                    # 自定义的均值函数
    x["治愈"] /= x["治愈"].count()
    return x
Df16.groupby("板块").apply(MyFunc).head()
```

结果:

```
     疫情地区   新增      治愈        板块
0    美国    75788   2061692.0   北美洲
1    巴西    44539    404370.0   南美洲
2    印度    59701    445462.5   亚洲
3    英国      767       713.5   欧洲
4    俄罗斯   5871    300125.0   欧洲
```

7.3 Matplotlib 可视化

1. Python 可视化介绍

所谓的数据可视化,是指借助图形化的手段,将数据以视觉形式清晰有效地呈现。Python 语言有一系列的数据可视化模块,包括 Matplotlib、Seaborn、Plotnine、ggplot 等。本节,我们将介绍 Matplotlib 同其加强版 Seaborn 的可视化操作。

2. Matplotlib 可视化

Matplotlib 是一个应用广泛且非常强大的 Python 可视化库,有优异的作图性能,能够创建类型丰富的图表,如条形图、散点图、饼图、堆叠图等。本书主要使用 Matplotlib 的绘图 API—pyplot 模块,在使用时需进行导入:

```
import matplotlib.pyplot as plt
```

(1) 基本绘图函数:在平面直角坐标系上画图时用 plt.plot() 绘图函数。

【例 7.95】 画单个图。

```
import pandas as pd
import matplotlib.pyplot as plt
Dfi1 = pd.read_csv('D:/global data to 2020.7.26.csv ',encoding = 'utf-8')
Dfi1 = Dfi1[['疫情地区','新增','治愈','死亡']]
Dfi1 = Dfi1.head()
plt.plot(Dfi1['新增'],Dfi1['治愈'])
plt.show()
```

结果如图 7.1 所示。

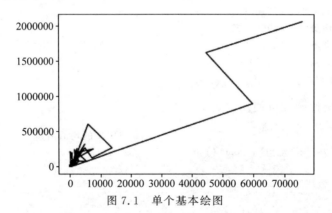

图 7.1 单个基本绘图

【例 7.96】 在 plt.plot() 中写入多个参数,可以在同一坐标系画多个图,例如(x,y1,x,y2,x,y3,…),其表示(x,y1),(x,y2),(x,y3),…,每个括号分别表示横轴(x 轴)和纵轴(y 轴),即同一 x 对应多个 y。

```
t = np.arange(0,5,0.1)
print(t)
```

结果如图 7.2 所示。

```
[0.  0.1 0.2 0.3 0.4 0.5 0.6 0.7 0.8 0.9 1.  1.1 1.2 1.3 1.4 1.5 1.6 1.7
 1.8 1.9 2.  2.1 2.2 2.3 2.4 2.5 2.6 2.7 2.8 2.9 3.  3.1 3.2 3.3 3.4 3.5
 3.6 3.7 3.8 3.9 4.  4.1 4.2 4.3 4.4 4.5 4.6 4.7 4.8 4.9]
plt.plot(t,t,t,t+1,t,t**2,t,1/t)    #有4对,画4个图
plt.show()
```

结果：

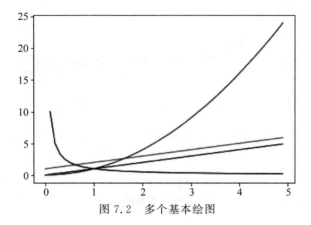

图 7.2　多个基本绘图

（2）图像属性：在 plt.plot() 中加入另一参数，可设置图像标记点的类型、设置线条的形状和颜色、显示中文、设置图像及轴的名称。

【例 7.97】　轨迹点类型为"＊"。

```
plt.plot(t,t+2,"*")
plt.show()
```

结果如图 7.3 所示。

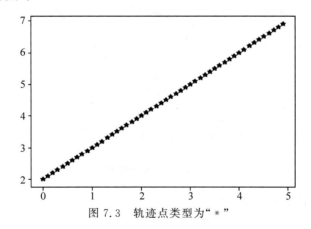

图 7.3　轨迹点类型为"＊"

【例 7.98】　设置线条的形状和颜色：color 参数表示图像颜色，linewidth 参数定义线条的粗细，linestyle 定义线条的类型。

```
plt.plot(t,1/t, color = "red",linewidth = 8,linestyle = "--")    #线条为虚线
plt.show()
```

结果如图 7.4 所示。

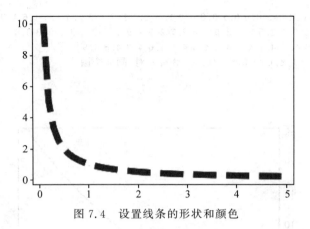

图 7.4 设置线条的形状和颜色

【例 7.99】 设置坐标轴：plt.xlim()和 plt.ylim()分别表示 x 轴和 y 轴的取值范围；plt.xlabel()和 plt.ylabel()分别表示 x 轴和 y 轴的名称。

```
plt.plot(t,t**2,color = 'red',linewidth = 2,linestyle = '-')
plt.plot(t,t + 2)                    #开始画图
plt.xlim(0,2)
plt.ylim(0,4)
plt.xlabel("X")
plt.ylabel("Y")
plt.show()
```

结果如图 7.5 所示。

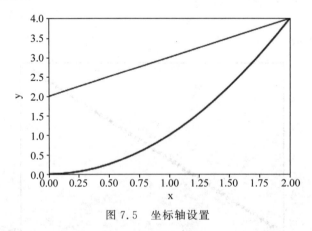

图 7.5 坐标轴设置

【例 7.100】 正确显示中文方法 1：用 fontproperties 参数解决，非全局设置。

```
t = np.arange( - 2,2,0.1)
plt.plot(t,t**2,color = 'red',linewidth = 2,linestyle = '-')
plt.plot(t,t + 2)                    #开始画图
plt.xlim( - 2,2)
plt.ylim( - 1,4)                     #符号"-"在有些系统或 Python 版本无法正常显示
plt.xlabel("x 轴")                    #直接中文,将无法正常显示
plt.ylabel("y 轴", fontproperties = "SimSun")    #(宋体)
plt.title("标题", fontproperties = "SimHei")     #(黑体)添加图像标题名称
```

```
plt.show()
```

结果如图 7.6 所示。

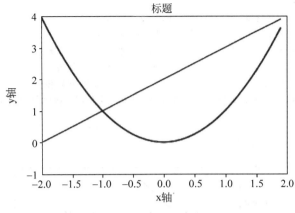

图 7.6　正确显示中文 1

【例 7.101】　正确显示中文方法 2：用 rcParams 参数解决，全局设置。

```
plt.rcParams['font.sans-serif'] = ['Kaiti']    #显示楷体中文
plt.rcParams['axes.unicode_minus'] = False     #解决有时不正常显示负号的问题
plt.plot(t,t**2,color = 'red',linewidth = 2,linestyle = '-')
plt.plot(t,t+2)                                #开始画图
plt.xlim(-2,2)
plt.ylim(-1,4)                                 #符号"-"在有些系统或Python版本无法正常显示
plt.xlabel("x 轴")                             #直接中文,将无法正常显示
plt.ylabel("y 轴",fontsize = 20)  #
plt.title("标题",fontsize = 20)                #fontsize用于指定中文字体字号的大小
plt.show()
```

结果如图 7.7 所示。

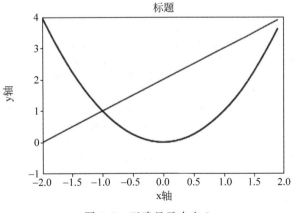

图 7.7　正确显示中文 2

【例 7.102】　自定义坐标轴：可进行刻度替换。

```
t = np.arange(-1,2,0.1)
```

```
plt.plot(t,2 * t + 2,color = 'red',linewidth = 2,linestyle = '-')
plt.plot(t,t ** 2)                    #开始画图
plt.xlim(-1,2)
plt.ylim(-1,3)
plt.xlabel("x轴", fontproperties = "Kaiti",fontsize = 20)
plt.ylabel("y轴", fontproperties = "Kaiti",fontsize = 20)
new_ticks = np.linspace(-1,2,5)       #x轴刻度从-1到2分为5个单位
plt.xticks(new_ticks)                 #进行替换x轴的刻度
plt.yticks([-1, 0,1,2,3],             #用文字替换y轴的刻度
          ['$ Level\ 1 $','$ Level\ 2 $','$ Level\ 3 $','$ Level\ 4 $','$ Level\ 5 $'])
plt.show()
```

结果如图7.8所示。

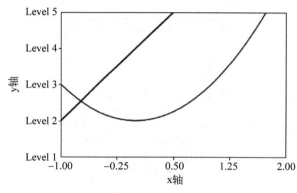

图7.8 自定义坐标轴

【例7.103】 设置图像边框的属性。

```
t = np.arange(-1,2,0.1)
plt.plot(t,2 * t + 2,color = 'red',linewidth = 2,linestyle = '-')
plt.plot(t,t ** 2)                    #开始画图
plt.xlim(-1,2)
plt.ylim(-1,3)
plt.xlabel("x轴", fontproperties = "Kaiti",fontsize = 20)
plt.ylabel("y轴", fontproperties = "Kaiti",fontsize = 20)
new_ticks = np.linspace(-1,2,5)       #x轴刻度从-1到2分为5个单位
plt.xticks(new_ticks)                 #进行替换x轴的刻度
plt.yticks([-1, 0,1,2,3],             #用文字替换y轴的刻度
          ['$ Level\ 1 $','$ Level\ 2 $','$ Level\ 3 $','$ Level\ 4 $','$ Level\ 5 $'])
ax = plt.gca()                        #获取当前坐标轴
ax.spines['right'].set_color('none')  #边框属性右侧设置为none,即不显示
ax.spines['top'].set_color('none')    #边框属性顶部设置为none,即不显示
plt.show()
```

结果如图7.9所示。

【例7.104】 去除图像边界的空白区域：plt.axis("tight")。

```
t = np.arange(-1,2,0.1)
plt.plot(t,2 * t + 2,color = 'red',linewidth = 2,linestyle = '-')
plt.plot(t,t ** 2)                    #开始画图
```

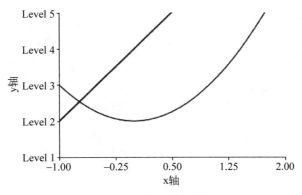

图 7.9 设置边框属性

```
plt.xlim(-1,2)
plt.ylim(-1,3)
plt.xlabel("x轴", fontproperties = "Kaiti",fontsize = 20)
plt.ylabel("y轴", fontproperties = "Kaiti",fontsize = 20)
new_ticks = np.linspace(-1,2,5)          #x轴刻度从-1到2分为5个单位
plt.xticks(new_ticks)                    #进行替换x轴的刻度
plt.yticks([-1,0,1,2,3],                 #用文字替换y轴的刻度
          ['$ Level\ 1 $','$ Level\ 2 $','$ Level\ 3 $','$ Level\ 4 $','$ Level\ 5 $'])
ax = plt.gca()                           #获取当前坐标轴
ax.spines['right'].set_color('none')     #边框属性右侧设置为none,即不显示
ax.spines['top'].set_color('none')       #边框属性顶部设置为none,即不显示
plt.axis("tight")                        #去掉边界的空白区域
plt.show()
```

结果如图 7.10 所示。

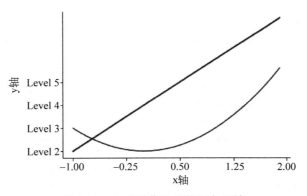

图 7.10 去除图像边界的空白区域

【例 7.105】 移动坐标轴：使用 set_positine() 函数，设置坐标轴交点的位置。

```
t = np.arange(-1,2,0.1)
plt.plot(t,2*t+2,color = 'red',linewidth = 2,linestyle = '-')
plt.plot(t,t**2)                         #开始画图
plt.xlim(-1,2)
plt.ylim(-1,3)
plt.xlabel("x轴", fontproperties = "Kaiti",fontsize = 20)
```

```
plt.ylabel("y轴", fontproperties = "Kaiti",fontsize = 20)
new_ticks = np.linspace( - 1,2,5)           #x轴刻度从 - 1 到 2 分为 5 个单位
plt.xticks(new_ticks)                       #进行替换 x轴的刻度
plt.yticks([ - 1, 0,1,2,3],                 #用文字替换 y轴的刻度
           ['$ Level\ 1 $','$ Level\ 2 $','$ Level\ 3 $','$ Level\ 4 $','$ Level\ 5 $'])
ax = plt.gca() #获取当前坐标轴
ax.spines['right'].set_color('none')        #边框属性右侧设置为 none,即不显示
ax.spines['top'].set_color('none')          #边框属性顶部设置为 none,即不显示
ax.spines['left'].set_position(('data',0))  #边框属性左侧移动到 x = 0
ax.spines['bottom'].set_position(('data',0))#边框属性底部移动到 y = 0
plt.show()
```

结果如图 7.11 所示。

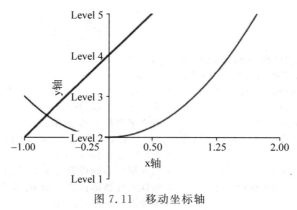

图 7.11 移动坐标轴

【例 7.106】 添加图例：使用 plt.legend()函数，前提是在 plt.plot()函数中表明函数标签 label。

```
t = np.arange( - 1,2,0.1)
plt.plot(t,2 * t + 2,color = 'red',linewidth = 2,linestyle = ' -- ',label = 'linear line')
plt.plot(t,t ** 2,label = 'square line')    #开始画图
plt.xlim( - 1,2)
plt.ylim( - 1,3)
plt.xlabel("x轴", fontproperties = "Kaiti",fontsize = 20)
plt.ylabel("y轴", fontproperties = "Kaiti",fontsize = 20)
new_ticks = np.linspace( - 1,2,5)           #x轴刻度从 - 1 到 2 分为 5 个单位
plt.xticks(new_ticks)                       #进行替换 x轴的刻度
plt.yticks([ - 1, 0,1,2,3],                 #用文字替换 y轴的刻度
           ['$ Level\ 1 $','$ Level\ 2 $','$ Level\ 3 $','$ Level\ 4 $','$ Level\ 5 $'])
ax = plt.gca()                              #获取当前坐标轴
ax.spines['right'].set_color('none')        #边框属性右侧设置为 none,即不显示
ax.spines['top'].set_color('none')          #边框属性顶部设置为 none,即不显示
ax.spines['left'].set_position(('data',0))  #边框属性左侧设置为 none,即不显示
ax.spines['bottom'].set_position(('data',0))#边框属性左侧设置为 none,即不显示
plt.legend()
plt.show()
```

结果如图 7.12 所示。

【例 7.107】 图像保存：plt.savefig()。

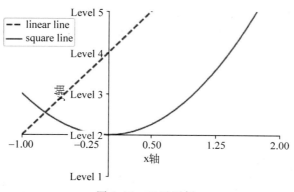

图 7.12　显示图例

```
t = np.arange(-1,2,0.1)
plt.plot(t,2*t+2,color='red',linewidth=2,linestyle='--',label='linear line')
plt.savefig()
```

(3) 其他类型图像：plt 库提供了近 20 种图像类型，下面介绍几类常见的图像。

【例 7.108】　散点图：plt.scatter(X,Y,c,s,cmap,marker,alpha)，其中，X 和 Y 为对应的数据，c 为标记点的颜色，s 为标记点的大小，cmap 为色带，marker 为标记点的形状，alpha(0—1)为透明度。

```
plt.rcParams['font.sans-serif'] = ['SimHei']       #显示楷体中文
x = [1,2,3,4,5,6,7,8,9,10]
y = [2,3,7,8,4,3,5,7,9,4]
plt.scatter(x,y, label='测试', c=np.sin(x), s=25, marker="o")
plt.xlabel('x')
plt.ylabel('y')
plt.title('散点图',fontproperties="Kaiti",fontsize=20)
plt.legend()
plt.show()
```

结果如图 7.13 所示。

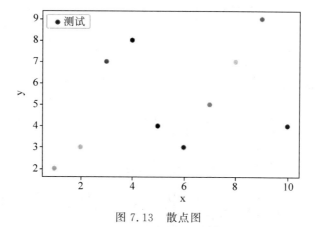

图 7.13　散点图

【例7.109】 条形(柱形)图：plt.bar(X,Y,color,width,align,label)，其中，X和Y为数据，color是颜色，width是条或柱的宽度，align为标签对应于条或柱的位置，label为条或柱的标签数据。

```
Df1 = pd.read_csv('D:/global data to 2020.7.26.csv ',encoding = 'utf - 8')
Df1 = Df1[['疫情地区','治愈','死亡']]
Df2 = Df1.head()
SortDf1 = Df2.sort_values(by = '治愈',ascending = False)
SortDf2 = Df2.sort_values(by = '死亡',ascending = False)
plt.subplot(121)        #subplot 子图函数,3个int参数分别代表1行,2列,最后一个1代表正在
                        #绘制第1个子图
plt.bar(SortDf1['疫情地区'],SortDf1['治愈'],width = 0.5,color = ['r','g','b'],label = "疫情地区")
                        #柱形图
plt.subplot(122)        #括号中最后一个1代表正在绘制第2个子图
plt.barh(SortDf2['疫情地区'],SortDf2['死亡'],0.5,color = ['r','g','b'],label = "疫情地区")
                        #条形图
plt.show()
```

结果如图7.14所示。

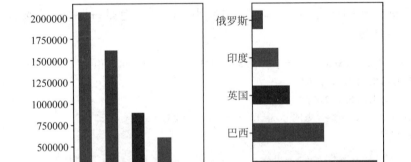

图7.14 条形(柱形)图

【例7.110】 南丁格尔玫瑰图(极坐标柱形图)。

```
import numpy as np
import pandas as pd
import matplotlib.pyplot as plt
plt.rcParams['font.sans - serif'] = ['Kaiti']         #显示楷体中文
plt.rcParams['axes.unicode_minus'] = False            #解决有时不正常显示负号
DfData = pd.read_csv('D:/global data to 2020.7.26.csv ',encoding = 'utf - 8')
DfData = DfData[['疫情地区','死亡']].head()
DataCount = DfData.shape[0]
Theta = np.arange(0,2 * np.pi,2 * np.pi/DataCount)
R = np.array(DfData.死亡)
ax = plt.subplot(111,projection = 'polar')             #极坐标条形图,polar为True
#方法用于设置角度偏离,参数值为弧度值数值
ax.set_theta_offset(np.pi/2 - np.pi/DataCount)
ax.set_theta_direction( - 1)  #参数值为1时,正方向为逆时针; 为 - 1时,正方向为顺时针
```

```
ax.set_rlabel_position(360 - 180/(DataCount - 1))
                                        # 设置极径标签位置,参数为标签所要显示的角度
plt.bar(Theta,R,color = ['r','g','b'],edgecolor = "k",width = 1,alpha = 0.6)
plt.title("截至 2020.7.26,五个国家的死亡人数对比",fontsize = 15)
plt.xticks(Theta,labels = DfData.疫情地区,size = 10)    # x 轴坐标轴标签
plt.ylim( - 50000,150000)
plt.show()
```

结果如图 7.15 所示。

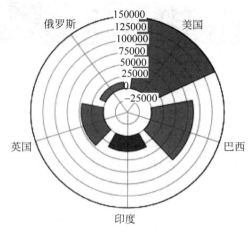

图 7.15　截至 2020 年 7 月 26 日,五个国家的死亡人数对比南丁格尔玫瑰图

【例 7.111】　堆积图:堆积图用于显示部分对整体随时间的关系。堆积图类似于饼图,只是随时间而变化。matplotlib 使用 plt.stackplot(time,data1,data2,data3,…,color)函数实现,其中 time 表示时间轴,data1、data2、data3 等表示类别数据,color 定义堆积区域的渲染颜色。

```
import numpy as np
import pandas as pd
import matplotlib.pyplot as plt
plt.rcParams['font.sans - serif'] = ['Kaiti']       # 显示楷体中文
plt.rcParams['axes.unicode_minus'] = False           # 解决有时不正常显示负号
Date = [20200323,20200324,20200325,20200326,20200327]    # 日期列表,表示年月日
NewCases = [8368,11219,8799,13981,16820]            # 这 5 天美国新增病例数据
CuredCases = [178,314,354,619,753]                  # 这 5 天美国治愈病例数据
Deaths = [471,586,801,1054,1304]                    # 这 5 天美国死亡病例数据
plt.stackplot(Date, NewCases,CuredCases,Deaths, colors = ['m','k','r'])
plt.xlabel('2020 年 3 月 23 日至 3 月 27 日')
plt.ylabel('人数')
plt.title('2020 年 3 月 23 日至 3 月 27 日,美国新冠肺炎新增人数、治愈人数和死亡人数堆积图')
plt.plot([],[],color = 'm', label = '新增病例', linewidth = 3)
plt.plot([],[],color = 'k', label = '治愈病例', linewidth = 3)
plt.plot([],[],color = 'r', label = '死亡病例', linewidth = 3)
plt.legend(loc = "upper left")     # 堆积图直接 plt.legend()无法显示图例,必须加上前面 3 句
plt.show()
```

结果如图 7.16 所示。

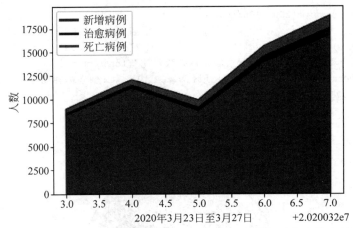

图 7.16　2020 年 3 月 23 日至 3 月 27 日，美国新冠肺炎新增人数、治愈人数和死亡人数堆积图

【例 7.112】　饼图：饼图也是用于显示部分对于整体的情况，通常以百分比为单位，matplotlib 用 plt.pie(data, label, colors, startangle, shadow, explode, autopct) 函数实现饼图，其中，data 表示数据，label 表示数据对应的标签，colors 表示颜色，startangle 表示其实角度，shadow 表示是否显示阴影效果，explode 表示分离效果的程度，autopct 表示百分数的小数位数。

```
import matplotlib.pyplot as plt
plt.rcParams['font.sans-serif'] = ['Kaiti']    #显示楷体中文
CaseCount = [75788,767,44539,59701,5871]       #2020年7月26日,五国新冠肺炎新增病例数
CaseLabel = ['美国','英国','巴西','印度','俄罗斯']
plt.pie(CaseCount,
        labels = CaseLabel,
        colors = ['m','c','r','b','g'],
        startangle = 90,
        shadow = True,
        explode = (0,0.2,0,0,0),
        autopct = '%1.0f%%')
plt.title('2020年7月26日五国新冠肺炎新增病例数饼图')
plt.show()
```

结果如图 7.17 所示。

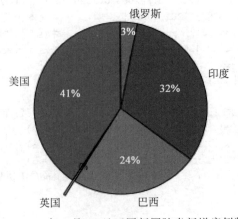

图 7.17　2020 年 7 月 26 日五国新冠肺炎新增病例数饼图

关于 Matplotlib 库的更多应用可参见其官方网站：https://matplotlib.org/。

（4）Seaborn 可视化介绍：seaborn 是基于 Matplotlib 的 Python 数据可视化库，是 Matplotlib 的延伸和扩展。它可以实现比 Matplotlib 更漂亮的可视化效果，它在 Matplotlib 基础上进行了更高级的 API 封装，使用时要同 Matplotlib 结合使用。下面介绍 Seaborn 库的几类图像例子。

【例 7.113】 线形图：sns.lineplot()。

```
import pandas as pd
import seaborn as sns
import matplotlib.pyplot as plt
from matplotlib.font_manager import FontProperties
myfont = FontProperties(fname = r'C:\Windows\Fonts\simhei.ttf',size = 15)
sns.set(font = myfont.get_name())         #设置中文显示字体
DfData = pd.read_csv('D:/usadata2020.1.28 - 2020.7.26.csv',encoding = 'utf - 8')
DataValue = DfData[["新增","总确诊","治愈","死亡"]]
Dates = pd.date_range("28 1 2020", periods = 181, freq = "D")
DataValue.index = Dates
plt.xlabel('日期',fontproperties = myfont)
plt.ylabel('人数',fontproperties = myfont)
sns.lineplot(data = DataValue,palette = "tab10",linewidth = 2.5)
plt.title('2020 年 1 月 28 日—7 月 26 日美国新冠肺炎数据',fontproperties = myfont, fontsize = 15)
sns.lineplot(data = DataValue,palette = "tab10",linewidth = 2.5)
```

结果如图 7.18 所示。

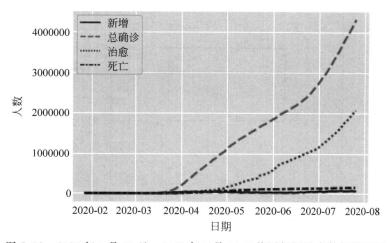

图 7.18　2020 年 1 月 28 日—2020 年 7 月 26 日美国新冠肺炎数据线形图

【例 7.114】 分类散点图：sns.swarmplot()。

```
import pandas as pd
import seaborn as sns
import matplotlib.pyplot as plt
from matplotlib.font_manager import FontProperties
myfont = FontProperties(fname = r'C:\Windows\Fonts\simhei.ttf',size = 15)
sns.set(font = myfont.get_name(),style = "whitegrid", palette = "muted")
DfData = pd.read_csv('D:/global data to 2020.7.26(category).csv',encoding = 'utf - 8')
sns.swarmplot(x = "疫情地区", y = "人数", hue = "病例类别",palette = ["r", "c", "y"], data =
```

DfData)
plt.title("2020年7月26日七国病例分类散点图",fontsize = 15)

结果如图7.19所示。

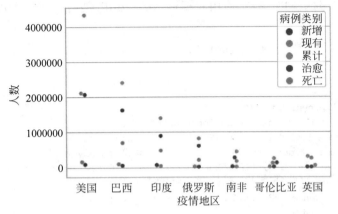

图7.19　2020年7月26日七国病例分类散点图

【例7.115】　箱形图：sns.boxplot()，是一种用作显示一组数据分散情况资料的统计图。它能显示出一组数据的最大值、最小值、中位数及上下四分位数（图7.20）。通常，大于上四分位数1.5倍四分位数差的值，或者小于下四分位数1.5倍四分位数差的值认定为异常值。

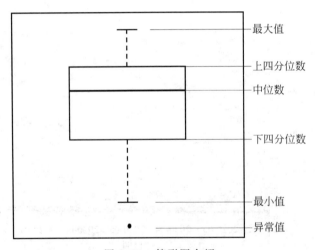

图7.20　箱形图介绍

```
import pandas as pd
import seaborn as sns
import matplotlib.pyplot as plt
plt.rcParams['axes.unicode_minus'] = False
sns.set_style('darkgrid', {'font.sans-serif':['SimHei', 'Arial']})
DfData = pd.read_csv('D:/China and usa data2020.1.28 - 2020.7.26.csv', encoding = 'utf-8')
sns.stripplot(x = '疫情地区', y = '新增', data = DfData, jitter = True, alpha = 0.5)
sns.boxplot(x = '疫情地区', y = '新增', data = DfData)
plt.title("2020年1月28日—7月26日中、美新冠新增数据箱形图", fontsize = 15)
```

结果如图7.21所示。

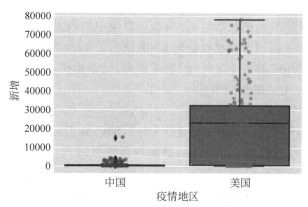

图 7.21　2020 年 1 月 28 日—7 月 26 日中、美新冠新增数据箱形图

【例 7.116】　小提琴图：sns.violinplot()，类似于箱形图，主要用于显示数据分布及其概率密度，特别适用于数据量巨大且无法显示个别观察结果的情况。

```
import pandas as pd
import seaborn as sns
import matplotlib.pyplot as plt
plt.rcParams['axes.unicode_minus'] = False
sns.set_style('darkgrid', {'font.sans - serif':['SimHei', 'Arial']})
DfData = pd.read_csv('D:/global data to 2020.7.26.csv', encoding = 'utf - 8')
DfData = DfData[["疫情地区","新增","死亡"]].head(20)
sns.violinplot(data = DfData, inner = "points")
plt.title("2020 年 7 月 26 日 20 个国家新冠肺炎新增与死亡数据小提琴图", fontsize = 15)
# 对称的线条表示数据的分布情况
```

结果如图 7.22 所示。

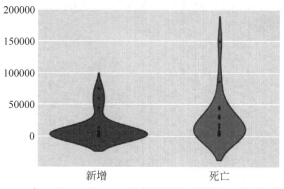

图 7.22　2020 年 7 月 26 日 20 个国家新冠肺炎新增与死亡数据小提琴图

其他 Seaborn 图像画法可参见其官网：http://seaborn.pydata.org/index.html。

习　　题

(1) 导入 numpy 包，并取别名为 np。

(2) 创建长度为 10 的零向量，并把第五个值赋值为 1。

（3）创建一个 10×10 的随机数组，并找出该数组中的最大值与最小值。

（4）创建一个 8×8 的国际象棋棋盘矩阵（黑块为 1，白块为 0）。

（5）一个 5×3 的矩阵和一个 3×2 的矩阵相乘，结果是什么？

（6）导入 Pandas 库并简写为 pd。

（7）从 NumPy 数组创建 DataFrame。

（8）从 CSV 中创建 DataFrame，分隔符为";"，编码格式为 gbk。

（9）有一列整数列 A 的 DatraFrame，删除数值重复的行（df = pd. DataFrame({'A'：[1,2,2,3,4,5,5,5,6,7,7]}))。

（10）一个全数值的 DataFrame，返回最大 3 个值的坐标。

（11）导入 Matplotlib 包简写为 plt。

（12）用点加线的方式画出开区间(0,10)上，函数 f(x)＝sinx 的图像。

（13）在一张图里绘制函数 f(x)＝sinx 和 f(x)＝cosx 的图形，并显示图例。

（14）针对数据集 iris，用图像说明萼片（sepal）和花瓣（petal）的大小关系。

（15）在闭区间[0,2]上绘制函数 $f(x)=\cos(x-1)e^{-x}$ 的图像，并添加适当的轴标签、标题等。

（16）给定一个一维数组，把它索引从 3 到 8 的元素求相反数。

（17）创建一个 0—10 的一维数组，并将(1,9]之间的数全部反转成负数。

（18）获取班级 10 名学生的身高和体重，求平均值并绘制柱状图显示。

（19）定义一个全数值的 DataFrame，返回最大 3 个值的坐标。

（20）寻找合适的数据并画出南丁格尔玫瑰图。

（21）查找并下载中国各省人口数据，作描述性分析并画图说明人口特征，给出简单的分析报告。

（22）自行查看 Seaborn 文档，画出 3 个本章未介绍的图。

第 8 章

Python编程实例

Python 对大多数数据库提供支持,如小型数据库 MySQL 和中型数据库 SQL-server 等;Scrapy 是一个使用 Python 语言(基于 Twisted 框架)编写的开源网络爬虫框架,它简单易用、灵活易拓展、开发省力且是跨平台的;jieba 分词包及 wordcloud 词云图包在自然语言处理中经常用到。本章将以实例的形式介绍这几个包的操作。

本章主要内容:
■ Python 数据库编程;
■ Scrapy 网络爬虫框架;
■ 自然语言处理。

8.1 Python 数据库编程

8.1.1 Python 数据库应用接口(DB-API)

当我们使用应用程序时,有时会切换不同的数据库,由于程序接口的混乱,所带来的代价非常大。为此,Python 官方规范了访问数据库的接口,防止在使用不同数据库时由于兼容性造成的问题。标准化接口的使用,方便了用户对数据库的访问,开发者只需学会使用接口方法,就能便捷地在不同数据库之间切换,提高程序的编写效率。这个官方标准的数据库编程接口叫作 DB-API。

1. 数据库的连接(connect)和游标(cursor)

在使用数据库之前,首先是建立与数据库的连接,这要使用 connect 函数生成一个 connect()对象。该函数的使用形式为

connect(dsn,user,password,host,database)

根据要连接数据库的类型,需要合理设置连接的参数。参数的具体含义如表 8.1 所示。

表 8.1 连接参数表

连接参数名称	描述	类型
dsn	数据源名称	字符串
user	数据库用户名	字符串
password	数据库密码	字符串
host	服务器地址	字符串或数字(IP地址)
databasse	数据库名称	字符串

例如:

connect(dsn = 'host: MYDB',user = 'root',password = ' ')

其中,dsn 表示数据库的服务器地址及数据库名称,user 表示数据库登录账号,password 为登录密码。

不同的数据库接口程序可能有一定的差异,并非都是严格按照规范实现。connect 函数返回连接对象,连接对象有如表 8.2 所示的操作函数。

表 8.2 数据库连接函数

连接函数名称	功能
close()	关闭 connect 对象,关闭后无法再进行操作
commit()	提交当前事务
rollback()	回滚当前事务
cursor()	使用该连接创建并返回游标对象

相关术语解释如下。

事务:更新和访问数据的一个或多个程序执行单元。

rollback()函数:有时不可用,原因是不一定所有数据库都支持事务这一系列操作,如果能用,则可以"撤销"所有未提交的事务。若发生异常,rollback()会将数据库的状态恢复到事务处理开始的状态。

commit()函数:如果数据库不支持事务处理,或者启用了自动提交功能,该方法则不起任何作用。

游标(cursor):让用户提交数据库命令,并获得查询的结果行。Python DB-API 游标对象提供了游标的功能,包括那些不支持游标的数据库。当用户创建了一个数据库适配器,则必须实现 cursor 对象。当游标创建好后,就可以执行查询或命令,并从结果集中返回一行或者多行结果,它比连接支持更多的函数,且更加好用。游标对象函数和对象属性分别如表 8.3 和表 8.4 所示。

表 8.3 游标对象函数

游标对象函数名称	功能
close()	关闭游标对象
execute(sql[,args])	执行一个 sql 操作

续表

游标对象函数名称	功能
excutemany(sql,args)	执行多个 sql 操作
fetchone()	返回结果集的下一行
fetchmany([size])	返回结果集的下多行
fetchall()	返回结果集的剩余行

表 8.4　游标对象属性

游标对象属性名称	功能
description	描述游标活动的状态
rowcount	结果中的行数
rownumber	返回结果集中游标所在行的索引
connection	创建游标对象的数据库连接
lastrowid	上次修改行的行 id
arraysize	fetchman()函数中返回的行数，默认为 1

更多的游标操作函数及属性可查询相关资料。

2. 构造函数和类型对象

一般来说，两个不同系统的接口要求的参数类型是不一致的，对于 Python DB-API 的用户来说，用户传递给数据库的参数是字符串形式的，但数据库会根据需要将它转换为其他不同的形式，用于保证 sql 操作被正确执行。DB-API 定义了一些特殊类型、值的构造函数和常量。具体如表 8.5 所示。

表 8.5　特殊构造函数及常量表

名　　称	功　　能
Date(year,month,day)	日期值对象
Time(hour,minute,second)	时间值对象
Timestamp(yr,mon,d,h,m,s)	时间戳值对象
DateFromTicks(ticks)	通过自 1970 年 1 月 1 日 0 点 0 分 1 秒以来的 ticks 秒数计算得到的日期值对象
TimeFromTicks(ticks)	通过自 1970 年 1 月 1 日 0 点 0 分 1 秒以来的 ticks 秒数计算得到的时间值对象
TimestampFromTicks(ticks)	通过自 1970 年 1 月 1 日 0 点 0 分 1 秒以来的 ticks 秒数计算得到的时间戳值对象
Binary(string)	二进制字符串值对象
STRING	字符串列对象
BINARY	二进制列对象
NUMBER	数字列对象
DATETIME	日期时间列对象
ROWID	行 id 号对象

3. DB-API 异常

DB-API 定义了异常类，以便于用户能够对开发过程中出现的问题和错误进行处理。

异常类如表 8.6 所示。

表 8.6 异常类

名 称	功 能
Warning	警告异常
Error	错误异常
InterfaceError	数据接口异常
DatabaseError	数据库异常
DataError	数据相关异常
OperationalError	数据库执行语句异常
IntegrityError	数据完整性异常
InternalError	数据库内部异常
ProgrammingError	用户编程异常
NotSupportedError	请求执行不支持异常

8.1.2 MySQL 数据库操作

MySQL 是目前非常流行的关系型数据库管理系统，在 WEB 应用方面，MySQL 是最好的关系数据库管理系统应用软件之一。Python 连接 MySQL 数据库，Python 2.x 版本用的是 MySQLdb 模块，Python3 以后不再支持 MySQLdb，用的是 PyMySQL，这两个模块的功能是一样的。PyMySQL 遵循 Python 数据库 DB-API v2.0 的规范，并包含了 pure-Python MySQL 客户端库。

1. 连接 MySQL 数据库

本机操作系统为 64 位 Windows 10 专业版，安装的 MySQL 版本为 8.0.21。用 PyMySQL 连接数据之前，我们已经安装好 MySQL 数据库，并建立了一个名为 coviddata 的数据库，其中包含了 usadata20200128to20200726_csv 表（美国从 2020 年 1 月 28 日至 7 月 26 日的新冠疫情数据）和 globaldatato20200726_csv 表（截至 2020 年 7 月 26 日全球各国疫情数据），如图 8.1～图 8.3 所示。

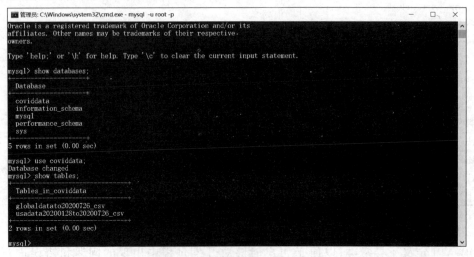

图 8.1 疫情数据库及表名截图

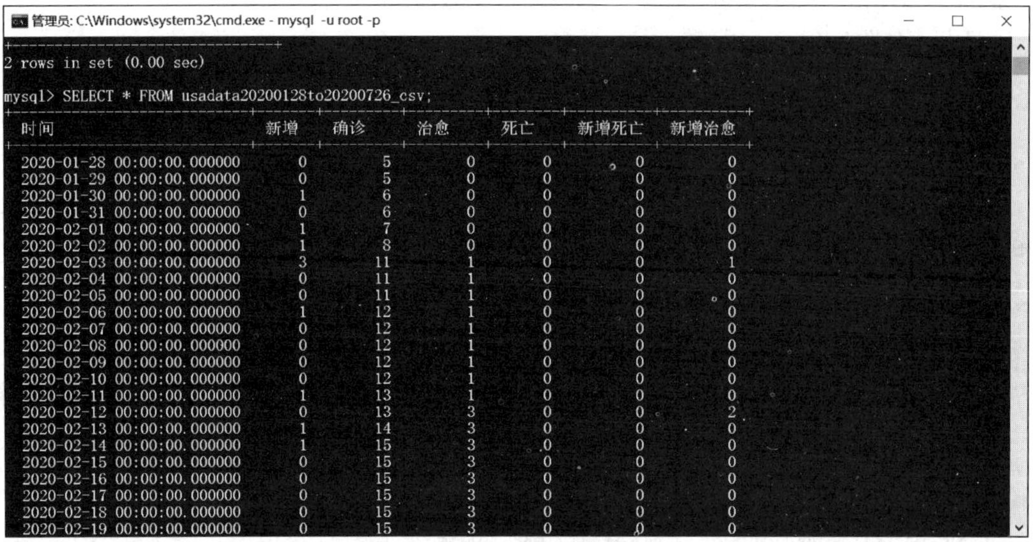
管理员: C:\Windows\system32\cmd.exe - mysql -u root -p

2 rows in set (0.00 sec)

mysql> SELECT * FROM usadata20200128to20200726_csv;

时间	新增	确诊	治愈	死亡	新增死亡	新增治愈
2020-01-28 00:00:00.000000	0	5	0	0	0	0
2020-01-29 00:00:00.000000	0	5	0	0	0	0
2020-01-30 00:00:00.000000	1	6	0	0	0	0
2020-01-31 00:00:00.000000	0	6	0	0	0	0
2020-02-01 00:00:00.000000	1	7	0	0	0	0
2020-02-02 00:00:00.000000	1	8	0	0	0	0
2020-02-03 00:00:00.000000	3	11	1	0	0	1
2020-02-04 00:00:00.000000	0	11	1	0	0	0
2020-02-05 00:00:00.000000	0	11	1	0	0	0
2020-02-06 00:00:00.000000	1	12	1	0	0	0
2020-02-07 00:00:00.000000	0	12	1	0	0	0
2020-02-08 00:00:00.000000	0	12	1	0	0	0
2020-02-09 00:00:00.000000	0	12	1	0	0	0
2020-02-10 00:00:00.000000	0	12	1	0	0	0
2020-02-11 00:00:00.000000	1	13	1	0	0	0
2020-02-12 00:00:00.000000	0	13	3	0	0	2
2020-02-13 00:00:00.000000	1	14	3	0	0	0
2020-02-14 00:00:00.000000	1	15	3	0	0	0
2020-02-15 00:00:00.000000	0	15	3	0	0	0
2020-02-16 00:00:00.000000	0	15	3	0	0	0
2020-02-17 00:00:00.000000	0	15	3	0	0	0
2020-02-18 00:00:00.000000	0	15	3	0	0	0
2020-02-19 00:00:00.000000	0	15	3	0	0	0

图 8.2 美国疫情数据表截图

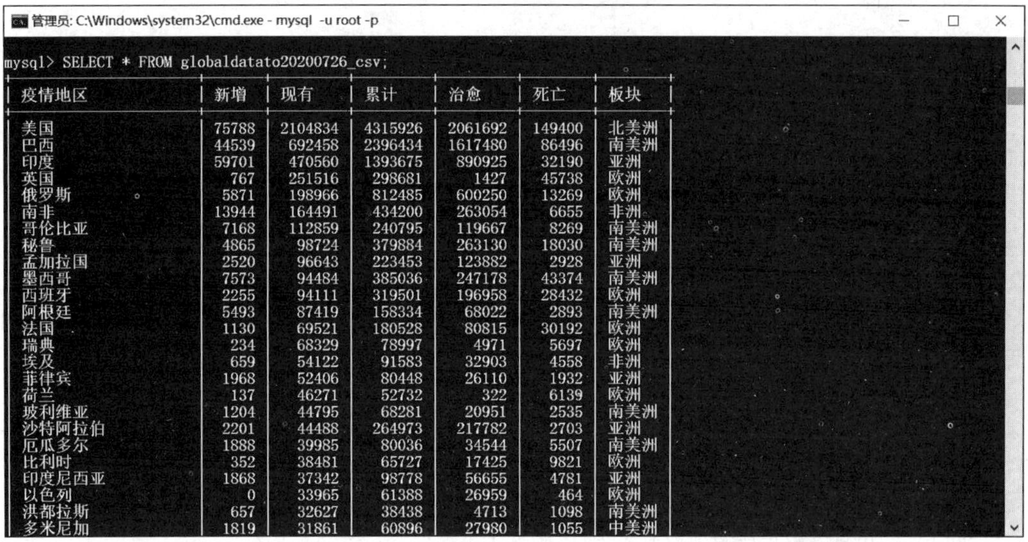
管理员: C:\Windows\system32\cmd.exe - mysql -u root -p

mysql> SELECT * FROM globaldatato20200726_csv;

疫情地区	新增	现有	累计	治愈	死亡	板块
美国	75788	2104834	4315926	2061692	149400	北美洲
巴西	44539	692458	2396434	1617480	86496	南美洲
印度	59701	470560	1393675	890925	32190	亚洲
英国	767	251516	298681	1427	45738	欧洲
俄罗斯	5871	198966	812485	600250	13269	欧洲
南非	13944	164491	434200	263054	6655	非洲
哥伦比亚	7168	112859	240795	119667	8269	南美洲
秘鲁	4865	98724	379884	263130	18030	南美洲
孟加拉国	2520	96643	223453	123882	2928	亚洲
墨西哥	7573	94484	385036	247178	43374	南美洲
西班牙	2255	94111	319501	196958	28432	欧洲
阿根廷	5493	87419	158334	68022	2893	南美洲
法国	1130	69521	180528	80815	30192	欧洲
瑞典	234	68329	78997	4971	5697	欧洲
埃及	659	54122	91583	32903	4558	非洲
菲律宾	1968	52406	80448	26110	1932	亚洲
荷兰	137	46271	52732	322	6139	欧洲
玻利维亚	1204	44795	68281	20951	2535	南美洲
沙特阿拉伯	2201	44488	264973	217782	2703	亚洲
厄瓜多尔	1888	39985	80036	34544	5507	南美洲
比利时	352	38481	65727	17425	9821	欧洲
印度尼西亚	1868	37342	98778	56655	4781	亚洲
以色列	0	33965	61388	26959	464	欧洲
洪都拉斯	657	32627	38438	4713	1098	南美洲
多米尼加	1819	31861	60896	27980	1055	中美洲

图 8.3 全球各国疫情数据截图

【**例 8.1**】 查看当前连接 mysql 数据库的版本。

```
import pymysql
# 创建并打开数据库连接
Db = pymysql.connect("localhost","root","123456","coviddata" )
# 使用 cursor() 函数创建一个游标对象 cursor
Cursor = Db.cursor()
# 使用 execute() 函数执行 SQL 查询
Cursor.execute("SELECT VERSION()")              #查询连接的 mysql 的版本号
# 使用 fetchone() 函数获取单条数据
Result = Cursor.fetchone()                      #获取游标查询结果
```

```
print("所连接的mysql数据库的版本为:%s"  % Result)
# 关闭数据库连接
Db.close()
```

结果:所连接的mysql数据库的版本为:8.0.21

2. 新建表

(1) 连接数据库后,可以使用execute()函数为数据库创建表,如下为在coviddata数据库中新建一个名为indiacoviddata表。

【例8.2】 新建表。

```
import pymysql
# 连接数据库
Db = pymysql.connect("localhost","root","123456","coviddata")
# 使用cursor()函数创建一个游标对象cursor
Cursor = Db.cursor()
# 若需新建的表存在一个同名表,则删除它
Cursor.execute("DROP TABLE IF EXISTS indiacoviddata")
sql = """CREATE TABLE indiacoviddata (
         时间 DATE NOT NULL,
         确诊 INT,
         治愈 INT,
         死亡 INT)"""
Cursor.execute(sql)
# 关闭数据库连接
Db.close()
```

(2) 查看数据库目前的所有表,执行查看语句"show tables"。

【例8.3】 查看coviddata数据库的所有表。

```
import pymysql
# 连接数据库
Db = pymysql.connect("localhost","root","123456","coviddata")
# 使用cursor()函数创建一个游标对象cursor
Cursor = Db.cursor()
Cursor.execute("show tables")
result = Cursor.fetchall()
print("coviddata数据库当前所有表为: ",result)
# 关闭数据库连接
Db.close()
```

结果:

coviddata数据库当前所有表为:(('globaldatato20200726_csv',), ('indiacoviddata',), ('usadata20200128to20200726_csv',))

(3) 插入数据:执行插入语句"insert into..."。

【例8.4】 在表indiacoviddata中插入数据。

```
import pymysql
# 连接数据库
Db = pymysql.connect("localhost","root","123456","coviddata")
```

```python
# 使用 cursor()函数创建一个游标对象 cursor
Cursor = Db.cursor()
# sql 插入语句
sql = """INSERT INTO indiacoviddata(时间,确诊,治愈,死亡)
        VALUES ('2020 - 07 - 13', 906752, 571460, 23727)"""
try:
    # 执行 sql 语句
    Cursor.execute(sql)
    # 提交到数据库执行
    Db.commit()
except:
    # 如果发生错误则回滚
    Db.rollback()
# 关闭数据库连接
Db.close()
```

(4) 查看数据：执行选择语句"select * from..."。

【例 8.5】 查看表 indiacoviddata 的数据。

```python
import pymysql
# 连接数据库
Db = pymysql.connect("localhost","root","123456","coviddata")
# 使用 cursor()函数创建一个游标对象 cursor
Cursor = Db.cursor()
# sql 查询语句
sql = """select * from indiacoviddata"""
Cursor.execute(sql)
result = Cursor.fetchall()
for row in result:
    时间 = row[0]
    确诊 = row[1]
    治愈 = row[2]
    死亡 = row[3]
print ("时间: %s,确诊: %d,治愈: %d,死亡: %d" %(时间,确诊,治愈,死亡))
# 关闭数据库连接
Db.close()
```

结果：时间:2020 - 07 - 13,确诊:906752,治愈:571460,死亡:23727

```
# 插入多条数据后,再按如上方法查询前 5 条结果如下:
((datetime.date(2020, 7, 13), 906752, 571460, 23727), (datetime.date(2020, 3, 11), 62, 4,
1), (datetime.date(2020, 3, 12), 73, 4, 1), (datetime.date(2020, 3, 13), 82, 4, 2),
(datetime.date(2020, 3, 14), 102, 4, 2))
```

(5) 在表 indiacoviddata 中删除数据：执行删除语句"DELETE FROM...WHERE..."。

【例 8.6】 删除"治愈"数据小于 10 的数据。

```python
import pymysql
# 连接数据库
Db = pymysql.connect("localhost","root","123456","coviddata")
```

```python
# 使用 cursor() 函数创建一个游标对象 cursor
Cursor = Db.cursor()
# SQL 删除语句
sql = "DELETE FROM indiacoviddata WHERE 治愈 < 10"  # 删除"治愈"数据小于 10 的数据
try:
    # 执行 SQL 语句
    Cursor.execute(sql)
    # 提交修改
    Db.commit()
except:
    # 发生错误时回滚
    Db.rollback()
Cursor.execute("select * from indiacoviddata")  # 查询删除后的数据
result = Cursor.fetchmany(5)
print(result)
# 关闭连接
Db.close()
```

结果：

((datetime.date(2020, 7, 13), 906752, 571460, 23727), (datetime.date(2020, 3, 15), 113, 13, 2), (datetime.date(2020, 3, 16), 119, 13, 2), (datetime.date(2020, 3, 17), 142, 14, 3), (datetime.date(2020, 3, 18), 156, 14, 3))

前面查询的结果并不显示列名，不便于理解，因此需要进行转换。前面我们学习过数据框的知识，结合 cursor.description 描述结果，我们可以以数据框的形式显示展现数据。

【例 8.7】 以数据库的形式展现数据。

```python
import pymysql
import pandas as pd
# 连接数据库
Db = pymysql.connect("localhost","root","123456","coviddata")
# 使用 cursor() 函数创建一个游标对象 cursor
Cursor = Db.cursor()
# SQL 删除语句
sql = "DELETE FROM indiacoviddata WHERE 治愈 < 10"
try:
    # 执行 SQL 语句
    Cursor.execute(sql)
    # 提交修改
    Db.commit()
except:
    # 发生错误时回滚
    Db.rollback()
Cursor.execute("select * from indiacoviddata")  # 查询删除后的数据
Result = Cursor.fetchmany(10)
Cols = Cursor.description
Db.commit
# 继续数据框转换
Col = []
for i in Cols:                                   # 指定列标题
```

```
    Col.append(i[0])
Result = list(map(list, Result))        #将直接显示的标结果转换为列表形式
Result = pd.DataFrame(Result,columns = Col)   #转换为数据框并赋予列标题
print(Result)
# 关闭连接
Db.close()
```

结果：

	时间	确诊	治愈	死亡
0	2020-07-13	906752	571460	23727
1	2020-03-15	113	13	2
2	2020-03-16	119	13	2
3	2020-03-17	142	14	3
4	2020-03-18	156	14	3
5	2020-03-19	194	15	4

（6）修改表 indiacoviddata 中已有的数据。

【例 8.8】 将 2020-03-15 的死亡数据 2 修改为 5。

```
import pymysql
import pandas as pd
# 连接数据库
Db = pymysql.connect("localhost","root","123456","coviddata" )
# 使用 cursor() 函数创建一个游标对象 cursor
Cursor = Db.cursor()
# SQL 修改语句
sql = "UPDATE indiacoviddataSET 死亡 = 5 WHERE 时间 = '2020-03-15'"
try:
    # 执行 SQL 语句
    Cursor.execute(sql)
    # 提交修改
    Db.commit()
except:
    # 发生错误时回滚
    Db.rollback()
Cursor.execute("select * from indiacoviddata")  #查询修改后的数据
Result = Cursor.fetchmany(10)
Cols = Cursor.description
Db.commit
Col = []
for i in Cols:
    Col.append(i[0])
Result = list(map(list, Result))
Result = pd.DataFrame(Result,columns = Col)
print(Result)
# 关闭连接
Db.close()
```

结果：

	时间	确诊	治愈	死亡
0	2020-07-13	906752	571460	23727
1	2020-03-15	113	13	5
2	2020-03-16	119	13	2
3	2020-03-17	142	14	3
4	2020-03-18	156	14	3
5	2020-03-19	194	15	4

8.1.3 SQL Server 数据库操作

SQL Server 是 Microsoft 公司推出的关系型数据库管理系统，具有使用方便、可伸缩性好、与相关软件集成程度高等优点。它是一个全面的数据库平台，提供了企业级的数据管理。Python 的 DB-API 2.0 连接 SQL Server 数据库有多个模块可以实现，如表 8.7 所示。

表 8.7 连接 SQL Server 数据库的模块

模块名	操作系统	Python 版本
adodbapi	Windows	3.x
pymssql	Windows, Linux	2.x/3.x
mssql	Windows	2.x/3.x
mxODBC	Windows, Linux, Mac OS 等	2.x/3.x
pyodbc	Windows, Linux, Mac OS 等	2.x/3.x
pypyodbc	Windows, Linux	2.x/3.x

这里我们介绍 pyodbc 模块连接 SQL SERVER 数据的一系列操作。

1. 连接 SQL Server 数据库

本机操作系统为 64 位 Windows 10 专业版，SQL Server 为 2012 版本。类似前文，用 SQL Server 连接数据之前，我们已经安装好 SQL Server2012 数据库，并建立了一个名为 coviddata 的数据库，其中包含了 usadata20200128to20200726_csv 表（美国从 2020 年 1 月 28 日至 7 月 26 日新冠疫情数据）和 globaldatato20200726_csv 表（截至 2020 年 7 月 26 日全球各国疫情数据），如图 8.4～图 8.6 所示。

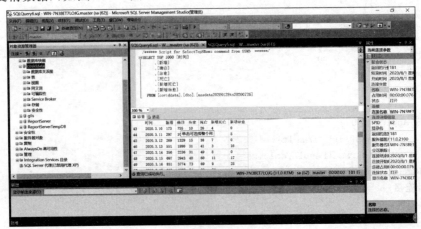

图 8.4 疫情数据库截图

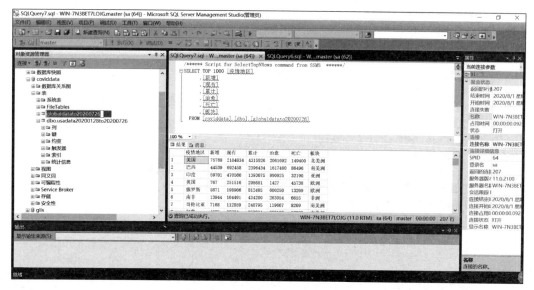

图 8.5　全球各国疫情数据截图

图 8.6　美国疫情数据截图

pyodbc.connect()函数的使用格式为

pyodbc.connect('DRIVER = ;SERVER = ;DATABASE = ;UID = ;PWD = ')

其中,DRIVER:对应数据库版本的驱动器,SQL Server 2012 是"SQL Server Native Client 11.0";SERVER:数据库服务器名称;DATABASE:数据库名称;UID:账号,PWD:密码。

【例 8.9】　查看当前连接 mysql 数据库的版本。

```
import pyodbc
# 连接数据库
```

```
Db = pyodbc.connect(
        DRIVER = '{SQL Server Native Client 11.0}',
        SERVER = 'localhost',
        DATABASE = 'coviddata',
        UID = 'sa',
        PWD = 123456)
# 使用 cursor() 函数创建一个游标对象 cursor
Cursor = Db.cursor()
# 使用 execute() 函数执行 SQL 查询
Cursor.execute("SELECT @@VERSION")
Result = Cursor.fetchone()              # 获取游标查询结果
print("所连接的 SQL Server 数据库的版本为: %s" % Result[0])
# 关闭数据库连接
Db.close()
```

结果:

所连接的 SQL Server 数据库的版本为: Microsoft SQL Server 2012 - 11.0.2100.60 (X64)
　　　　Feb 10 2012 19:39:15
　　　　Copyright (c) Microsoft Corporation
　　　　Developer Edition (64-bit) on Windows NT 6.2 <X64> (Build 9200:)

2. 新建表

(1) 连接数据库后, 可以使用 execute() 函数为数据库创建表, 如下为在 coviddata 数据库中新建一个名为 indiacoviddata 表。

【例 8.10】 新建表。

```
import pyodbc
# 连接数据库
Db = pyodbc.connect(
        DRIVER = '{SQL Server Native Client 11.0}',
        SERVER = 'localhost',
        DATABASE = 'coviddata',
        UID = 'sa',
        PWD = 123456)
# 使用 cursor() 函数创建一个游标对象 cursor
Cursor = Db.cursor()
    # 使用预处理语句创建表
sql = """CREATE TABLE Chinacoviddata(
        时间 DATE NOT NULL,
        新增 int,
        确诊 int,
        治愈 int,
        死亡 int,
        新增死亡 int)"""
try:
    Cursor.execute(sql)
        # 提交到数据库执行
        Db.commit()
        print('CREATE TABLE SUCCESS.')
    # 捕获与数据库相关的错误
```

```
except pyodbc.Error as err:
        print(f'CREATE TABLE FAILED, CASE:{err}')
        # 如果发生错误就回滚
        Db.rollback()
finally:
        # 关闭数据库连接
        Db.close()
```

(2) 查看数据库的所有表。

【例 8.11】 查看 coviddata 数据库的所有表。

```
import pyodbc
# 连接数据库
Db = pyodbc.connect(
        DRIVER = '{SQL Server Native Client 11.0}',
        SERVER = 'localhost',
        DATABASE = 'coviddata',
        UID = 'sa',
        PWD = 123456)
# 使用 cursor() 函数创建一个游标对象 cursor
Cursor = Db.cursor()
Cursor.execute("SELECT NAME FROM SYSOBJECTS WHERE XTYPE = 'U' ORDER BY NAME")
result = Cursor.fetchall()
print ("coviddata 数据库当前所有表为: ",result)
# 关闭数据库连接
Db.close()
```

结果：

coviddata 数据库当前所有表为：[('Chinacoviddata',), ('globaldatato20200726',), ('usadata20200128to20200726',)]

(3) 插入数据(批量)。

【例 8.12】 在表 Chinacoviddata 中插入数据。

```
import pyodbc
Db = pyodbc.connect(
        DRIVER = '{SQL Server Native Client 11.0}',
        SERVER = 'localhost',
        DATABASE = 'coviddata',
        UID = 'sa',
        PWD = 123456)
# 使用 cursor() 函数创建一个游标对象 cursor
Cursor = Db.cursor()
# sql 插入语句
sql = """INSERT INTO Chinacoviddata(时间,新增,确诊,治愈,死亡,新增死亡)
        VALUES ('2020 - 02 - 12', 15152, 59882, 5915,1368,254),
        ('2020 - 02 - 13', 4050, 63932, 6728,1381,13),
        ('2020 - 02 - 14', 2644, 66576, 8101,1524,143),
        ('2020 - 02 - 15', 2008, 68584, 9425,1666,142),
        ('2020 - 02 - 16', 2051, 70635, 10853,1772,106),
        ('2020 - 02 - 17', 1893, 72528, 12561,1870,98),
```

```
                ('2020-02-18',1751,74279,14387,2006,136)
                """
try:
    # 执行sql语句
    Cursor.execute(sql)
    # 提交到数据库执行
    Db.commit()
except:
    # 如果发生错误则回滚
    Db.rollback()
# 关闭数据库连接
Db.close()
```

(4) 查看表数据：执行选择语句"select * from..."。

【例 8.13】 查看表 Chinacoviddata 的数据。

```
import pyodbc
import pandas as pd
Db = pyodbc.connect(
        DRIVER = '{SQL Server Native Client 11.0}',
        SERVER = 'localhost',
        DATABASE = 'coviddata',
        UID = 'sa',
        PWD = 123456)
# 使用cursor()函数创建一个游标对象cursor
Cursor = Db.cursor()
# sql查询语句
sql = """select * from Chinacoviddata"""
Cursor.execute(sql)
Result = Cursor.fetchmany(10)
Cols = Cursor.description
Db.commit
# 继续数据框转换
Col = []
for i in Cols:                              # 指定列标题
    Col.append(i[0])
Result = list(map(list, Result))            # 将直接显示的结果转换为列表形式
Result = pd.DataFrame(Result, columns = Col) # 转换为数据框并赋予列标题
print(Result)
# 关闭连接
Db.close()
```

结果：

	时间	新增	确诊	治愈	死亡	新增死亡
0	2020-02-12	15152	59882	5915	1368	254
1	2020-02-13	4050	63932	6728	1381	13
2	2020-02-14	2644	66576	8101	1524	143
3	2020-02-15	2008	68584	9425	1666	142
4	2020-02-16	2051	70635	10853	1772	106
5	2020-02-17	1893	72528	12561	1870	98
6	2020-02-18	1751	74279	14387	2006	136

(5) 删除数据：执行删除语句"DELETE FROM...WHERE..."。

【例 8.14】 删除 Chinacoviddata 中"新增死亡"数据小于 100 的数据。

```python
import pyodbc
import pandas as pd
Db = pyodbc.connect(
        DRIVER = '{SQL Server Native Client 11.0}',
        SERVER = 'localhost',
        DATABASE = 'coviddata',
        UID = 'sa',
        PWD = 123456)
# 使用 cursor() 函数创建一个游标对象 cursor
Cursor = Db.cursor()
# SQL 删除语句,删除"新增死亡"数据小于 100 的数据
sql = "DELETE FROM Chinacoviddata WHERE 新增死亡 < 100"
try:
    # 执行 SQL 语句
    Cursor.execute(sql)
    # 提交修改
    Db.commit()
except:
    # 发生错误时回滚
    Db.rollback()
# sql 查询语句
sql = """select * from Chinacoviddata"""
Cursor.execute(sql)
Result = Cursor.fetchmany(10)
Cols = Cursor.description
Db.commit
# 继续数据框转换
Col = []
for i in Cols:                                    # 指定列标题
    Col.append(i[0])
Result = list(map(list, Result))                  # 将直接显示的标结果转换为列表形式
Result = pd.DataFrame(Result,columns = Col)       # 转换为数据框并赋予列标题
print(Result)
# 关闭连接
Db.close()
```

结果：

	时间	新增	确诊	治愈	死亡	新增死亡
0	2020 - 02 - 12	15152	59882	5915	1368	254
1	2020 - 02 - 14	2644	66576	8101	1524	143
2	2020 - 02 - 15	2008	68584	9425	1666	142
3	2020 - 02 - 16	2051	70635	10853	1772	106
4	2020 - 02 - 18	1751	74279	14387	2006	136

(6) 修改表中已有的数据：执行更新语句"UPDATE...SET...WHERE..."。

【例 8.15】 将 2020-02-18 的"新增"数据 1751 修改为 1749。

```python
import pyodbc
import pandas as pd
Db = pyodbc.connect(
        DRIVER = '{SQL Server Native Client 11.0}',
        SERVER = 'localhost',
        DATABASE = 'coviddata',
        UID = 'sa',
        PWD = 123456)
# 使用 cursor()函数创建一个游标对象 cursor
Cursor = Db.cursor()
#SQL 修改语句
sql = "UPDATE Chinacoviddata SET 新增 = 1749 WHERE 时间 = '2020 - 02 - 18'"
try:
    # 执行 SQL 语句
    Cursor.execute(sql)
    # 提交修改
    Db.commit()
except:
    # 发生错误时回滚
    Db.rollback()
Cursor.execute("select * from Chinacoviddata")  # 查询修改后的数据
Result = Cursor.fetchmany(10)
Cols = Cursor.description
Db.commit
Col = []
for i in Cols:
    Col.append(i[0])
Result = list(map(list, Result))
Result = pd.DataFrame(Result, columns = Col)
print(Result)
# 关闭连接
Db.close()
```

结果:

	时间	新增	确诊	治愈	死亡	新增死亡
0	2020-02-12	15152	59882	5915	1368	254
1	2020-02-14	2644	66576	8101	1524	143
2	2020-02-15	2008	68584	9425	1666	142
3	2020-02-16	2051	70635	10853	1772	106
4	2020-02-18	**1749**	74279	14387	2006	136

8.2 scrapy 网络爬虫

网络爬虫又称网页蜘蛛或网络机器人,它是一种按照一定的规则,自动抓取万维网信息的程序或者脚本,它是通过网页的链接地址来访问网页并从该网站的某个页面开始读取网页内容,找到在网页中的其他链接地址,然后通过这些链接地址寻找下一个网页,这样一直循环下去,直到把这个网站所有网页所需的内容抓取完为止。

8.2.1 scrapy 框架介绍

完整开发一个网络爬虫是一项较为烦琐的工作,而选择一些优秀的爬虫框架可以降低开发成本,提高代码质量,特别是能够让开发者专注于逻辑过程。scrapy 是一个由 Python 语言编写的开源网络爬虫,是一个为了爬取网页数据并获取结构性数据的应用框架。其基本流程如图 8.7 所示。

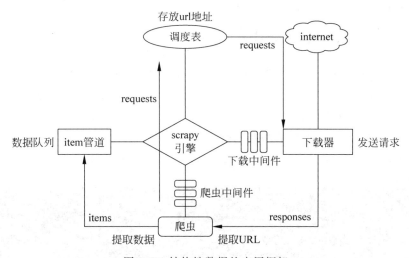

图 8.7 结构性数据的应用框架

其中,各部分所表示内容介绍如下。

(1) scrapy 引擎:即 scrapy engine,属于内部已实现组件,负责爬虫、管道、下载器和调度表之间的数据传递。

(2) 调度表:即 scheduler,属于内部已实现组件,负责接收引擎发送过来的 request 请求,按照一定的方式整理,并按引擎的要求返回,request 为 HTTP 请求对象。

(3) 下载器:即 downloader,属于内部已实现组件,负责下载 scrapy 引擎发送的所有 request 请求,将得到的返回信息 response 提交给 scrapy 引擎处理,response 为 HTTP 相应对象。

(4) 爬虫:即 spider,属于开发者实现组件,负责处理所有 response,分析并提取数据,若还有进一步需求的 URL,则再次提交给 scheduler 调度表。

(5) item 管道:即 item pipeline,属于可选组件,负责处理爬虫获取的 item,并进行后期的分析、存储等,item 为网页中爬取到的一项数据。

(6) 中间件:即 downloader middlewares 和 spider middlewares,属于可选组件,负责对 request 请求对象和 response 回应对象的处理。

对于开发者来说,爬虫(spider)是最核心的组件,整个 scrapy 爬虫的开发都是围绕它来展开的。其数据流由引擎所控制,根据基本流程如图 8.7 所示,具体步骤如下。

(1) scrapy 引擎从爬虫获取一个需要爬取数据的 request。

（2）scrapy 引擎调用在调度表中的 request，然后确定下一个 request 并提交给 scrapy 引擎，当调度表中不再有任何 request 了，整个爬虫程序就停止了。

（3）scrapy 引擎通过下载中间件将 request 发送给下载器，下载完成后下载器将下载的结果以 response 相应的形式返回给 scrapy 引擎，然后提交给爬虫进行处理。

（4）爬虫负责解析 response 相应对象，同时将已删除的 item 数据下一个 request 返回给 scrapy 引擎。

（5）scrapy 引擎将处理后的 item 数据发送给 item 管道并将处理后的 request 提交给 scrapy 引擎，后搜索是否存在另一个需要爬取的 request。

（6）重复上述步骤，直到完成所有 request 请求为止。

8.2.2　scrapy shell 的基本使用

scrapy shell 是一种交互式终端，它支持在未启动爬虫的情况下尝试和调试代码，其主要作用是提供交互式测试代码的功能，在爬虫代码作出一定修改后不用每一次都重新运行，可先在 scrapy shell 中进行测试。

【例 8.16】　用 scrapy 爬取某网站数据。

（1）启动 scrapy shell。在命令行下运行 scrapy shell，如图 8.8 所示。

图 8.8　scrapy shell 截图

（2）针对某测试网站 http://books.toscrape.com/（图 8.9），我们要抓取图书的信息，首先对该网站发出请求：

fetch(http://books.toscrape.com)

结果：

2020-08-12 20:12:16 [scrapy.core.engine] DEBUG: Crawled (200) < GET http://books.toscrape.com/> (referer: None)

它会返回一个 response 对象，其中包含了已下载到的内容：

view(response)

结果如图 8.9 所示。

图 8.9　测试网站截图

(3) 提取数据。

# 查看网页源代码：
print(response.text)

结果如图 8.10 所示。

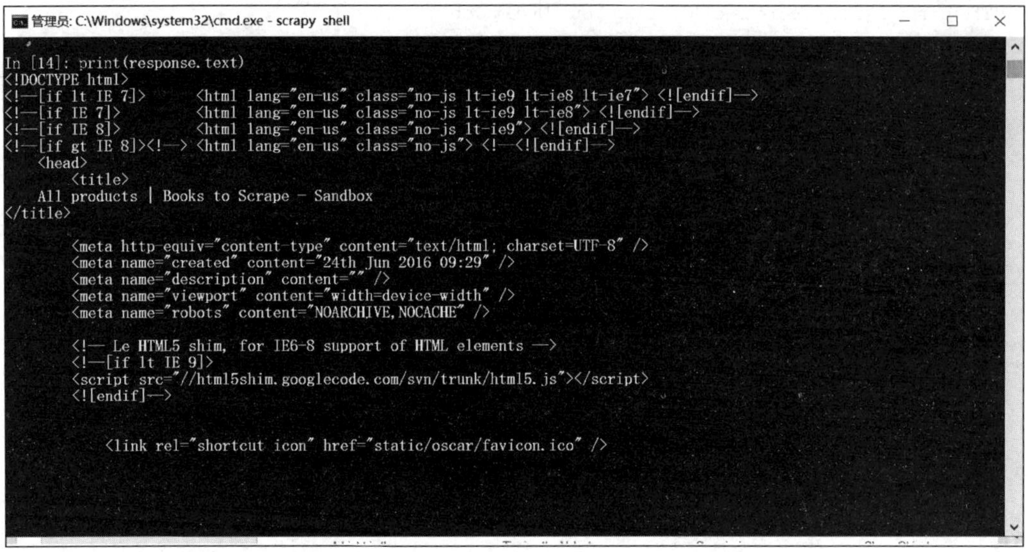

图 8.10　scrapy shell 得到的网页源代码截图

或者直接右击网页，从右键快捷菜单中选择"查看网页源代码"，得到如图 8.11 所示的内容。

可以看到，图书名称在 article 节点下的 h3 节点链接的 title 属性值：

```
<article class="product_pod">
    <div class="image_container">
            <a href="catalogue/a-light-in-the-attic_1000/index.html"><img src="media/cache/2c/da/2cdad67c44b002e7ead0cc35693c0e8b.jpg" alt="A Light in the Attic" class="thumbnail">
</a>
    </div>

        <p class="star-rating Three">
            <i class="icon-star"></i>
            <i class="icon-star"></i>
            <i class="icon-star"></i>
            <i class="icon-star"></i>
            <i class="icon-star"></i>
        </p>

        <h3><a href="catalogue/a-light-in-the-attic_1000/index.html" title="A Light in the Attic">A Light in the ...</a></h3>

        <div class="product_price">
```

图 8.11　右键得到的网页源代码

```python
# 提取图书名称数据
response.xpath('//article/h3/a/@title').extract() # 提取所有 article 下 h3 的链接 title
```

结果：

```
['A Light in the Attic',
'Tipping the Velvet',
'Soumission',
'Sharp Objects',
'Sapiens: A Brief History of Humankind',
'The Requiem Red',
'The Dirty Little Secrets of Getting Your Dream Job',
'The Coming Woman: A Novel Based on the Life of the Infamous Feminist, Victoria Woodhull',
'The Boys in the Boat: Nine Americans and Their Epic Quest for Gold at the 1936 Berlin Olympics',
'The Black Maria',
'Starving Hearts (Triangular Trade Trilogy, #1)',
"Shakespeare's Sonnets",
'Set Me Free',
"Scott Pilgrim's Precious Little Life (Scott Pilgrim #1)",
'Rip it Up and Start Again',
'Our Band Could Be Your Life: Scenes from the American Indie Underground, 1981-1991',
'Olio',
'Mesaerion: The Best Science Fiction Stories 1800-1849',
'Libertarianism for Beginners',
"It's Only the Himalayas"]
```

extract()表示提取所有 xpath 对应的文字内容，extract_first()表示提取第一个文字内容。

```python
# 提取第一本书的书名
response.xpath('//article/h3/a/@title').extract_first()
```

结果：'A Light in the Attic'

```python
# 提取图书对应的价格，价格 price
response.xpath('//article/div[2]/p[1]/text()').extract_first()
```

结果：'£ 51.77'

8.2.3 scrapy 爬虫的初步使用

编写一个 scrapy 爬虫具体有下面四个步骤。
(1) 新建爬虫项目：scrapy startproject xxx，xxx 为项目名称。
(2) 明确爬取目标(编写 items.py)：明确你想要抓取的目标。
(3) 制作爬虫(spiders/xxspider.py)：制作名为 xxspider 的爬虫，准备开始爬取页面。
(4) 存储内容(pipelines.py)：设计管道处理爬取内容。

【例 8.17】 爬取测试图书网站的图书信息。
(1) 新建项目：在爬取数据之前，首先要在命令行下新建一个新的 scrapy 项目。

```
scrapy startproject Spider1
```

结果：

```
New Scrapy project 'Spider1', using template directory 'C:\ProgramData\Anaconda3\lib\site-packages\scrapy\templates\project', created in:
    C:\Users\Administrator\Spider1
You can start your first spider with:
    cd Spider1
    scrapy genspider example example.com
```

其中，Spider1 为项目名称，可以看到将会创建一个 Spider1 文件夹，目录结构大致如下：

```
│  scrapy.cfg
└─Spider1
    │  items.py
    │  middlewares.py
    │  pipelines.py
    │  settings.py
    │  __init__.py
    ├─spiders
    │  │  __init__.py
```

下面简单介绍一下各文件的作用。
__init__.py：初始化文件；
scrapy.cdg：项目配置文件；
Spider1：项目文件夹；
items.py：项目目标文件；
pipeline.py：项目管道文件；
settings.py：项目设置文件；
spiders：存储爬虫代码文件夹。
(2) 通过 PyCharm 打开上面所建立的爬虫项目，如图 8.12 所示。
确定爬取项目目标：打开 items.py 文件，可用于定义结构化的数据字段，类似于 Python 的字典。它通过创建一个 scrapy.Item 类并定义类型为 scrapy.Field 的类属性来定

图 8.12 PyCharm 建立爬虫项目界面截图

义一个 item,用于保存爬取的数据。

```
# items.py 文件:
import scrapy
class Spider1Item(scrapy.Item):
    # define the fields for your item here like:
    book_name = scrapy.Field()
    book_price = scrapy.Field()
```

(3) 编写爬虫代码:主要用于实现爬虫逻辑。scrapy genspider bookspider http://books.toscrape.com/。在 spiders 文件夹中出现一个 bookspider.py 文件。打开 bookspider.py 文件:

```
# bookspider.py 文件
import scrapy
from ..items import Spider1Item                    # 导入 item 类
class BookspiderSpider(scrapy.Spider):
    # 每个爬虫的唯一标识
    name = 'bookspider'
    allowed_domains = ['toscrape.com']             # 指定爬取页面允许范围
    # 指定爬虫爬取页面的起始点,它可以由多个页面地址构成,这里只有一个
    start_urls = ['http://book.toscrape.com/']
    # 页面解析函数
    def parse(self, response):
    # 提取数据,由前面 scrapy shell 中可知书名和书价的 xpath,这里用循环分组迭代
        book_list = response.xpath('//article')
        for book in book_list:
        # 新建 item 类,
            item = Spider1Item()
            item['book_name'] = book.xpath('./h3/a/@title').extract_first()
            item['book_price'] = book.xpath('./div[2]/p[1]/text()').extract_first()
```

```
#传到pipeline去,在pipeline中进行处理抓取的结果,而不是用return
yield item
```

这里使用到了pipeline管道,但在设置文件setting.py中将pipeline配置开启。

```
# Configure item pipelines
# See https://doc.scrapy.org/en/latest/topics/item-pipeline.html
# ITEM_PIPELINES = {
#     'Spider1.pipelines.Spider1Pipeline': 300,
# }
```

原设置文件中的pipeline配置是被注释掉,因此需取消注释,保存即可。

```
ITEM_PIPELINES = {
    'Spider1.pipelines.Spider1Pipeline': 300,
}
```

其中,数字300表示处理优先级,数字越大,优先级越高,默认是300。

(4) 启动爬虫:在命令行下输入scrapy crawl bookspider。

结果:#得到的结果以自带形式显示

```
C:\Users\Administrator\Spider1 > scrapy crawl book
{'book_name': 'A Light in the Attic', 'book_price': '£51.77'}
{'book_name': 'Tipping the Velvet', 'book_price': '£53.74'}
{'book_name': 'Soumission', 'book_price': '£50.10'}
{'book_name': 'Sharp Objects', 'book_price': '£47.82'}
{'book_name': 'Sapiens: A Brief History of Humankind', 'book_price': '£54.23'}
{'book_name': 'The Requiem Red', 'book_price': '£22.65'}
{'book_name': 'The Dirty Little Secrets of Getting Your Dream Job', 'book_price': '£33.34'}
{'book_name': 'The Coming Woman: A Novel Based on the Life of the Infamous Feminist, Victoria Woodhull', 'book_price': '£17.93'}
{'book_name': 'The Boys in the Boat: Nine Americans and Their Epic Quest for Gold at the 1936 Berlin Olympics', 'book_price': '£22.60'}
{'book_name': 'The Black Maria', 'book_price': '£52.15'}
{'book_name': 'Starving Hearts (Triangular Trade Trilogy, #1)', 'book_price': '£13.99'}
{'book_name': "Shakespeare's Sonnets", 'book_price': '£20.66'}
{'book_name': 'Set Me Free', 'book_price': '£17.46'}
{'book_name': "Scott Pilgrim's Precious Little Life (Scott Pilgrim #1)", 'book_price': '£52.29'}
{'book_name': 'Rip it Up and Start Again', 'book_price': '£35.02'}
{'book_name': 'Our Band Could Be Your Life: Scenes from the American Indie Underground, 1981-1991', 'book_price': '£57.25'}
{'book_name': 'Olio', 'book_price': '£23.88'}
{'book_name': 'Mesaerion: The Best Science Fiction Stories 1800-1849', 'book_price': '£37.59'}
{'book_name': 'Libertarianism for Beginners', 'book_price': '£51.33'}
{'book_name': "It's Only the Himalayas", 'book_price': '£45.17'}
```

事实上,所抓取的仅为第一页的内容,并不全面,而要实现翻页抓取多页数据也较为简单,将爬虫代码中的start_urls改为如下即可。

```
start_urls = []
for page in range(1, 50):                    #爬取页数
    url = 'http://books.toscrape.com/catalogue/page-%d.html' % page
```

```
        start_urls.append(url)
```

（5）结果保存：爬取的数据结果可以保存为 csv、json、xml 等文件格式，方法是在文件扩展名后面加上需要保存的文件类型的扩展名。例如：

```
scrapy crawl quotes -o quotes.json        # 保存为 json 文件；
scrapy crawl quotes -o quotes.csv         # 保存为 csv 文件；
scrapy crawl quotes -o quotes.xml         # 保存为 xml 文件.
```

可以将结果保存到数据库中。保存数据库有两种方法。
（1）同步操作：数据量少。
（2）异步操作：数据量大，当爬取速度大于数据库插入速度时，会出现堵塞现象。
上面我们学习了 Python 关于 mysql 数据的基本操作，下面我们用实例来学习如何将爬取结果存入 mysql 数据库的同步操作，其他类型数据库的操作类似。

【例 8.18】 爬取结果存取 mysql 数据库。

当前 mysql 数据库已新建一名为 bookinfo 的数据库，并新建一名为 mybook 的空表，如图 8.13 所示。

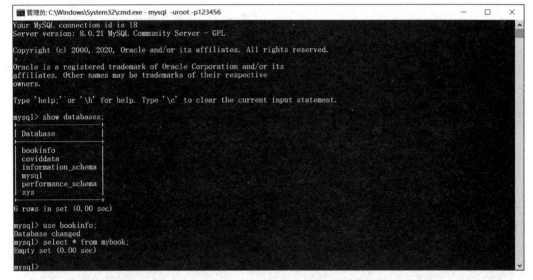

图 8.13　新建表 mybook

由前文可知，数据主要是由 pipeline.py 处理，因此在 spider 抓取到数据后提交给管道 pipeline 进行存入数据库的处理。

```
#pipeline.py 文件
# -*- coding: utf-8 -*-
# Define your item pipelines here
# Don't forget to add your pipeline to the ITEM_PIPELINES setting
# See: https://doc.scrapy.org/en/latest/topics/item-pipeline.html
import pymysql
class Spider2Pipeline(object):
    def process_item(self, item, spider):
        return item
```

```python
# 自定义 mysql 数据处理类
class MysqlPipeline:
    # 连接数据库
    def __init__(self):
        self.connect = pymysql.connect("localhost","root","123456","bookinfo")
        self.cursor = self.connect.cursor()
    # 开始处理数据 item,即传递过来的数据
    def process_item(self,item,spider):
        sql = """INSERT INTO mybook (book_name,book_price) VALUES (%s,%s)"""
        self.cursor.execute(sql,
        (item['book_name'],item['book_price']))
        self.connect.commit()
    # 关闭资源
    def close_spider(self,spider):
        self.cursor.close()
        self.connect.close()
```

其中，MysqlPipeline 为自定义管道，原 setting.py 的管道设置中并不包含，因此要在 setting.py 中 # Configure item pipelines 进行开通设置：

```
# Configure item pipelines
# See https://doc.scrapy.org/en/latest/topics/item-pipeline.html
ITEM_PIPELINES = {
    'Spider2.pipelines.Spider2Pipeline': 300, # 原管道
    'Spider2.pipelines.MysqlPipeline': 299, # 自定义管道
}
```

运行爬虫后，查看表 mybook 结果，如图 8.14 所示。

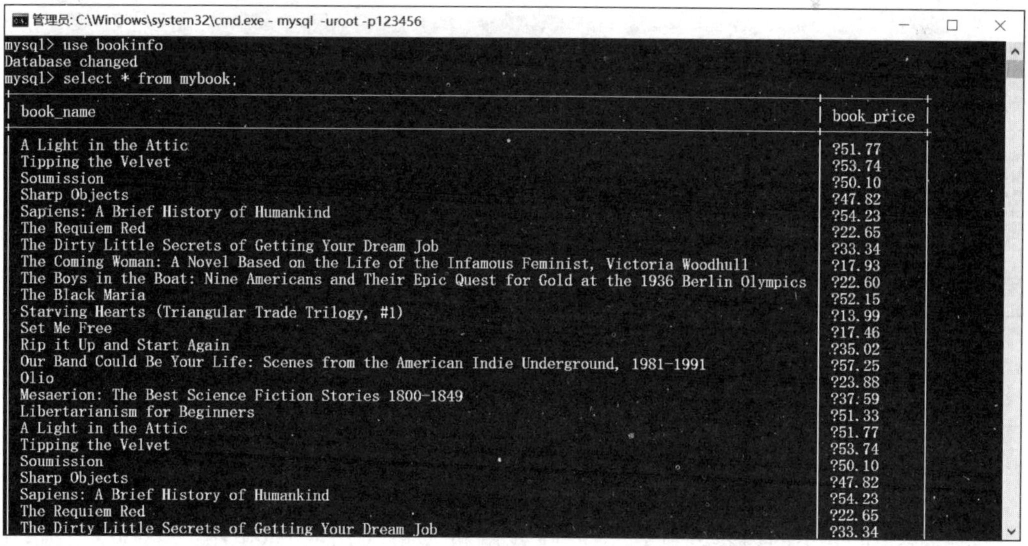

图 8.14　查看表 mybook 数据截图

爬取的数据保存 mysql 数据库成功。

例 8.17 和例 8.18 中，所需抓取的数据直接在其网页 http://books.toscrape.com/ 的

html 代码中显示。而有些页面所需爬取的数据储存的是 JSON 格式（本质上是一种被格式化了的字符串，遵循一定的语法规则），比如腾讯新闻下的"实时更新：新冠肺炎疫情最新动态"页面。下面，我们用实例来讲解如何爬取 JSON 数据。

【例 8.19】 抓取腾讯网站提供的全球各个国家当前（2020 年 8 月 14 日 20：00）的疫情数据，如图 8.15 所示。

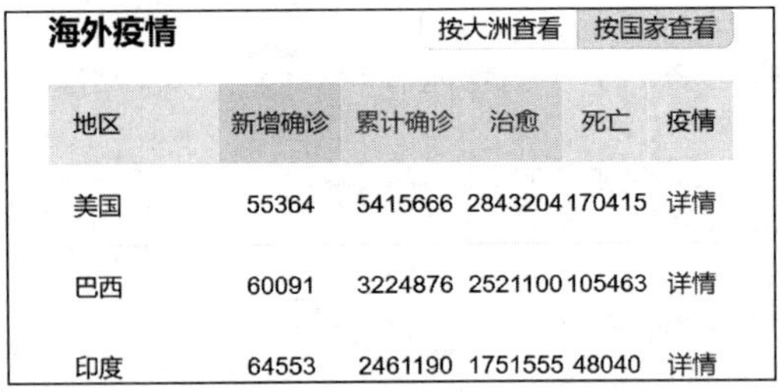

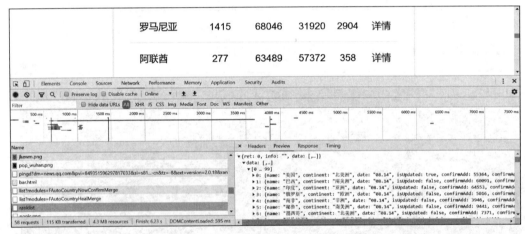

图 8.15　腾讯网站提供的全球各国疫情数据截图

（网址为 https://news.qq.com/zt2020/page/feiyan.htm#/global）

该页面由后台设置无法复制，因此用爬虫抓取其数据是一个比较合适的选择。具体步骤如下。

（1）在该页面用 F12 打开"开发者工具"或页面右键"审查元素"，单击 network 可得到如图 8.16 所示的内容。

图 8.16　开发者工具抓包界面截图

通过左下方 Name 的寻找发现，ranklist 在右侧的 Preview 内容为我们所要抓取的各国疫情数据。双击 ranklist 可得到其对应接口的地址：

https://api.inews.qq.com/newsqa/v1/automation/foreign/country/ranklist

再将 Response 中的内容复制到 json 在线解析及格式化网站（http：//www.json.cn）可得到其格式化结构，如图 8.17 所示。

图 8.17 右侧显示，各国家的疫情数据以类似字典的形式展现。

（2）编写全球疫情爬虫。

① 新建疫情爬虫项目：scrapy startproject globaldata；

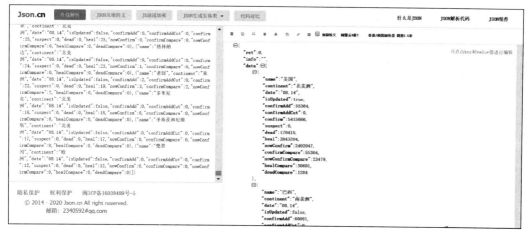

图 8.17　json 在线解析及格式化

② 确定爬取项目目标：items.py 文件。

```
import scrapy
class GlobaldataItem(scrapy.Item):
    #采集10组数据
    name = scrapy.Field()               #国家
    date = scrapy.Field()               #日期
    confirmAdd = scrapy.Field()         #新增确诊
    confirm = scrapy.Field()            #累计确诊
    nowConfirm = scrapy.Field()         #现有确诊
    heal = scrapy.Field()               #累计治愈
    dead = scrapy.Field()               #累计死亡
    healCompare = scrapy.Field()        #新增治愈
    deadCompare = scrapy.Field()        #新增死亡
    pass
```

（3）新建并编写爬虫文件代码。

```
scrapy genspider glyq http://view.news.qq.com
#glyq.py 文件
# - * - coding: utf-8 - * -
import scrapy
import json
from items import GlobaldataItem
class GlyqSpider(scrapy.Spider):
    name = 'glyq'
    allowed_domains = ['inews.qq.com']
start_urls = ['https://api.inews.qq.com/newsqa/v1/automation/foreign/country/ranklist']
    def parse(self, response):
        content = response.text                    #获取相应内容
        data_json = json.loads(content)            #相应内容的json格式解析
        data_list = data_json['data']              #由图8.2.10,所有疫情数据为键值"data"对应的数据
        #键值"data"对应的数据又为多个字典,因此循环取值
        for num in range(0, len(data_list)):
```

```
glyq_item = GlobaldataItem()
glyq_item['name'] = data_list[num]['name']
glyq_item['date'] = data_list[num]['date']
glyq_item['confirmAdd'] = data_list[num]['confirmAdd']
glyq_item['confirm'] = data_list[num]['confirm']
glyq_item['nowConfirm'] = data_list[num]['nowConfirm']
glyq_item['heal'] = data_list[num]['heal']
glyq_item['dead'] = data_list[num]['dead']
glyq_item['healCompare'] = data_list[num]['healCompare']
glyq_item['deadCompare'] = data_list[num]['deadCompare']
yield glyq_item                        #提交管道处理
```

(4) 存储内容。这里我们存储为 csv 文件，需在 setting. py 中加上一句“FEED_EXPORT_ENCODING = 'gb18030'”，设置输出编码格式，才能正常显示中文。

```
scrapy crawl qjyq -o globaldata.csv
```

项目运行介绍，在 globalspider 文件夹内生成”globaldata. csv”文件，如图 8.18 所示。

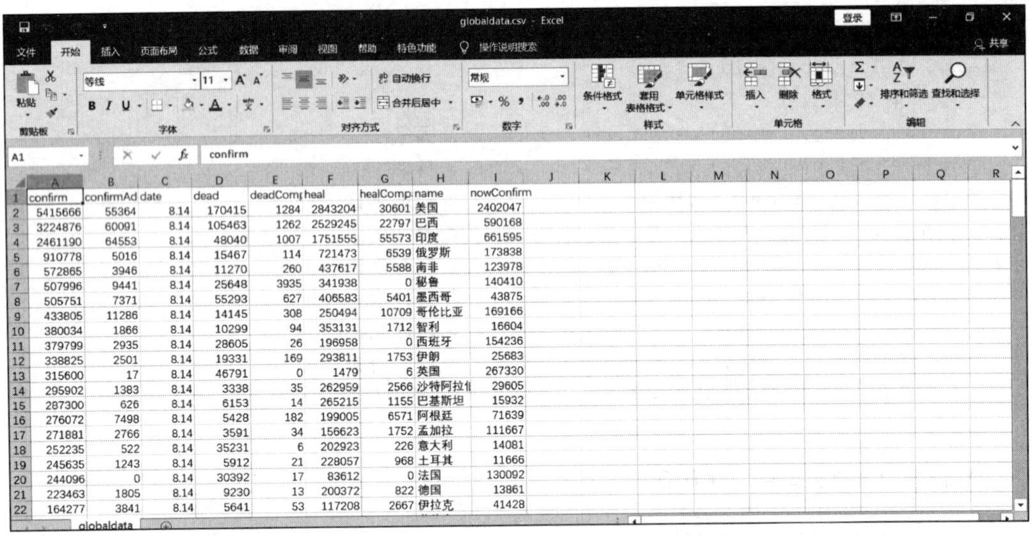

	A	B	C	D	E	F	G	H	I
1	confirm	confirmAd	date	dead	deadComp	heal	healComp	name	nowConfirm
2	5415666	55364	8.14	170415	1284	2843204	30601	美国	2402047
3	3224876	60091	8.14	105463	1262	2529245	22797	巴西	590168
4	2461190	64553	8.14	48040	1007	1751555	55573	印度	661595
5	910778	5016	8.14	15467	114	721473	6539	俄罗斯	173838
6	572865	3946	8.14	11270	260	437617	5588	南非	123978
7	507996	9441	8.14	25648	3935	341938	0	秘鲁	140410
8	505751	7371	8.14	55293	627	406583	5401	墨西哥	43875
9	433805	11286	8.14	14145	308	250494	10709	哥伦比亚	169166
10	380034	1866	8.14	10299	94	353131	1712	智利	16604
11	379799	2935	8.14	28605	26	196958	0	西班牙	154236
12	338825	2501	8.14	19331	169	293811	1753	伊朗	25683
13	315600	17	8.14	46791	0	1479	6	英国	267330
14	295902	1383	8.14	3338	35	262959	2566	沙特阿拉伯	29605
15	287300	626	8.14	6153	14	265215	1155	巴基斯坦	15932
16	276072	7498	8.14	5428	182	199005	6571	阿根廷	71639
17	271881	2766	8.14	3591	34	156623	1752	孟加拉	111667
18	252235	522	8.14	35231	6	202923	226	意大利	14081
19	245635	1243	8.14	5912	21	228057	968	土耳其	11666
20	244096	0	8.14	30392	17	83612	0	法国	130092
21	223463	1805	8.14	9230	13	200372	822	德国	13861
22	164277	3841	8.14	5641	53	117208	2667	伊拉克	41428

图 8.18 globaldata. csv 文件数据

至此，我们完成了截至 2020 年 8 月 14 日 20：00 的全球各国疫情数据的爬取。

事实上，网络爬虫针对的网页类型还有其他类型，比如爬取 js 内容、Ajax 页面、模拟登录、反防爬虫等，具体可查询相关文档资料。

8.3 自然语言处理

自然语言处理，主要涉及语言字符串操作、统计语言建模、形态学、词性标注、语法解析、语义分析、情感分析、信息检索、语篇分析和自然语言系统评估等主题。而由于篇幅的关系，本节主要介绍 jieba 分词包的字符操作及词性标注等基本操作以及 wordcloud 的词云图操作。

8.3.1 jieba 分词系统介绍

jieba 分词系统提供了丰富的编程接口,包括 JAVA、C、R 等版本,当然还有 Python。其中利用 Python 调用 jieba 的分词处理功能,包括词频、词性分析及停用词过滤等功能,需要安装 jieba 模块。除了 jieba,其他相关的 Python 包括 pynlpir、THULAC、SnowNLP、CoreNLP、pyLTP 等。

8.3.2 jieba 分词系统的功能

(1) jieba 分词有以下三种模式。

① 精确模式:jieba.cut(s)、jieba.lcut(s)将句子最精确地切开,适合文本分析。

```
import jieba
jieba.lcut('做好疫情防控工作,直接关系人民生命安全和身体健康,直接关系经济社会大局稳定,也事关我国对外开放')
```

结果:

['做好', '疫情', '防控', '工作', ',', '直接', '关系', '人民', '生命安全', '和', '身体健康', ',', '直接', '关系', '经济社会', '大局', '稳定', ',', '也', '事关', '我国', '对外开放']

② 全模式:jieba.cut(s,cut_all=True)、jieba.lcut(s,cut_all=True),把句子中所有的可以成词的词语都扫描出来,速度非常快,但是不能解决歧义。

```
jieba.lcut('做好疫情防控工作,直接关系人民生命安全和身体健康,直接关系经济社会大局稳定,也事关我国对外开放',cut_all = True)
```

结果:

['做好', '疫情', '防控', '工作', ',', '直接', '接关', '关系', '关系人', '人民', '民生', '生命', '生命安全', '安全', '和', '身体', '身体健康', '体健', '健康', ',', '直接', '接关', '关系', '经济', '经济社会', '社会', '大局', '稳定', ',', '也', '事关', '我国', '对外', '对外开放', '开放']

③ 搜索引擎模式:jieba.cut_for_search(s)、jieba.lcut_for_search(s)在精确模式的基础上,对长词再次切分,提高召回率,适合用于搜索引擎分词。

```
jieba.lcut_for_search('做好疫情防控工作,直接关系人民生命安全和身体健康,直接关系经济社会大局稳定,也事关我国对外开放')
```

结果:

['做好', '疫情', '防控', '工作', ',', '直接', '关系', '人民', '生命', '安全', '生命安全', '和', '身体', '体健', '健康', '身体健康', ',', '直接', '关系', '经济', '社会', '经济社会', '大局', '稳定', ',', '也', '事关', '我国', '对外', '开放', '对外开放']

(2) 自定义词典:jieba.load_userdict(file_name)。该函数用于让用户可以指定自己自定义的词典,以便包含 jieba 的词库里没有的词,其中 file_name 表示文件类对象或自定义词典的路径名称。比如"疫情防控",分词后为两个词:"疫情"和"防控",我们不想把"疫情防控"分开为两个词,只作为一个词,还有"大局"和"稳定"也作为一个词,则可新建 dict.txt 文件,添加"疫情防控"和"大局稳定"两个词,每个词占一行,如图 8.19 所示。

```
#导入自定义词典
jieba.load_userdict('dict.txt')
#精确模式
jieba.lcut('做好疫情防控工作,直接关系人民生命安全和身体健康,直接关系经济社会大局稳定,也事关我国对外开放')
```

结果:

['做好','**疫情防控**','工作',',','直接','关系','人民','生命安全','和','身体健康',',','直接','关系','经济社会','**大局稳定**',',','也','事关','我国','对外开放']

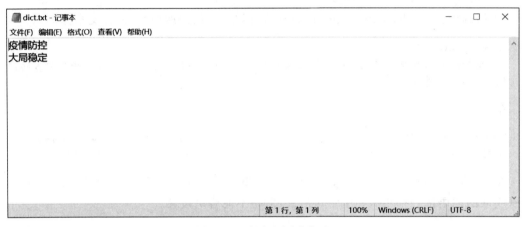

图 8.19 自定义词典格式

(3)停用词处理:有时需将一些词汇进行删除,比如一些缺乏实际意义的虚词、标点符号等。

可在网上查询一些常用的中文停用词表,这里保存为 stopwords.txt,如图 8.20 所示。

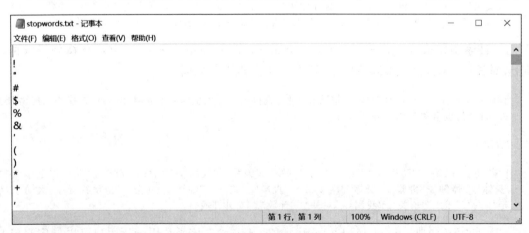

图 8.20 停用词文件

```
#逐行读取停用词
stopwords = [line.strip() for line in open('stopwords.txt',encoding = 'UTF-8').readlines()]
```

```
stopwords[:20]
```
结果:

```
['', '!', '"', '#', '$', '%', '&', "'", '(', ')', '*', '+', ',', '-', '--', '.', '..', '...', '......', '..................']
```

```python
    #在分词结果中过滤掉停用词
    sentence = jieba.lcut('做好疫情防控工作,直接关系人民生命安全和身体健康,直接关系经济社会大局稳定,也事关我国对外开放')
    out_fenci = ''                      #用于存放分词结果
    for word in sentence:               #用初步分词结果中的每个词均与停用词里面作比较
        if word not in stopwords:       #停用词里有的就不显示,没有的才显示
            out_fenci += word
            out_fenci += " "            #空格分开
    print(out_fenci)                    #标点符号和虚词已经被过滤掉
```

结果:做好 疫情防控 工作 关系 生命安全 身体健康 关系 经济社会 大局稳定 事关 我国 对外开放

(4) 词性标注:要用到 jieba.posseg。

```python
import jieba.posseg as jpg
sentence = jpg.cut('做好疫情防控工作,直接关系人民生命安全和身体健康,直接关系经济社会大局稳定,也事关我国对外开放')
for cut in sentence:
    print(cut.__dict__)               #或者 print('%s%s'%(cut.word,cut.flag))
```

结果:

```
{'word': '做好', 'flag': 'v'}
{'word': '疫情', 'flag': 'n'}
{'word': '防控', 'flag': 'vn'}
{'word': '工作', 'flag': 'vn'}
{'word': ',', 'flag': 'x'}
{'word': '直接', 'flag': 'ad'}
{'word': '关系', 'flag': 'n'}
{'word': '人民', 'flag': 'n'}
{'word': '生命安全', 'flag': 'nz'}
{'word': '和', 'flag': 'c'}
{'word': '身体健康', 'flag': 'l'}
{'word': ',', 'flag': 'x'}
{'word': '直接', 'flag': 'ad'}
{'word': '关系', 'flag': 'n'}
{'word': '经济社会', 'flag': 'n'}
{'word': '大局', 'flag': 'n'}
{'word': '稳定', 'flag': 'a'}
{'word': ',', 'flag': 'x'}
{'word': '也', 'flag': 'd'}
{'word': '事关', 'flag': 'n'}
{'word': '我国', 'flag': 'r'}
{'word': '对外开放', 'flag': 'l'}
```

8.3.3 应用案例

下面我们将对京东商城里名为《Effective Python:改善 Python 程序的 90 个建议》

（第 2 版）（英文版）（博文视点出品）的图书的部分用户评论进行分词。

1. 数据准备

上一节我们学习了基于 scrapy 框架的网络爬虫知识，在本例的数据准备阶段，我们用 scrapy 对该图书的部分用户评论内容进行抓取。

(1) 数据接口地址：打开京东商城，找到该图书的商品详细页面，如图 8.21 所示。

图 8.21　商品详细页面

单击"累计评价"下的数字链接，得到如图 8.22 所示的内容。

图 8.22　商品评价信息

图 8.22 中方框内即为我们需要爬取的用户评价内容。按上一节的方法寻找到评价内容的接口地址，用"开发者工具"后经查找发现，评价内容的接口如图 8.23 和图 8.24 所示。

这里我们发现，其 response 内容并不是 json 格式，在大括号前有"fetchJSON_comment98("的内容，将其 response 内容复制到 json 在线解析网站会出现错误导致无法解析。观察其接口网址：https://club.jd.com/comment/productPageComments.action?callback=fetchJSON_comment98&productId=100007218425&score=0&sortType=5&page=0&pageSize=10&isShadowSku=0&fold=1 可发现，response 中多出的

"fetchJSON_comment98（"即为接口网址的 callback 值，将接口地址中"callback = fetchJSON_comment98&"删掉或者将 response 内容的"fetchJSON_comment98（"和末尾的"）"删掉后即为一个标准 json 格式，解析后如图 8.25 所示。

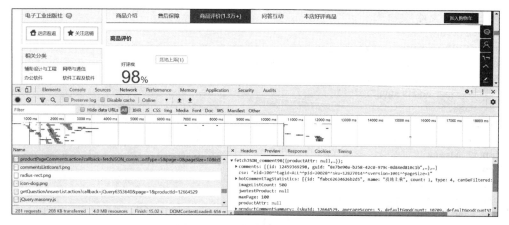

图 8.23　开发者工具抓包页面

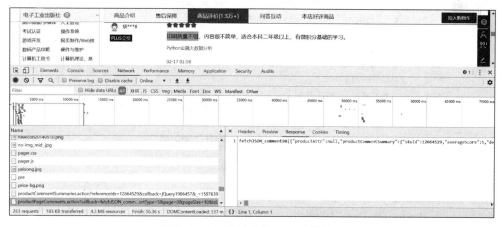

图 8.24　找到正确的 json 数据接口

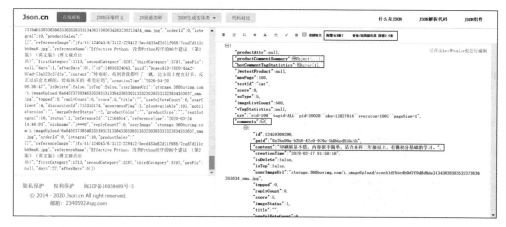

图 8.25　json 格式解析

容易看出，用户评价内容为该 json 文件的 commnets 标签下 content 标签的内容。

(2) 编写 jd 爬虫：创建步骤上节已经介绍过。这里我们爬取的评价内容要合在一起进行分词，则要把所有内容合为一个整体，因此用一个 txt 文件保存是不错的选择。

```
# items.py 文件
import scrapy
class JdItem(scrapy.Item):
    # define the fields for your item here like:
    # name = scrapy.Field()
    content = scrapy.Field()
    pass
# jds.py 文件
# - * - coding: utf - 8 - * -
import scrapy
import json
from ..items import JdItem
class JdsSpider(scrapy.Spider):
    name = 'jds'
    allowed_domains = ['jd.com']
    start_urls =
[ ' https://club. jd. com/comment/productPageComments. action? productId = 12664529&score =
0&sortType = 5&page = 0&pageSize = 10&isShadowSku = 0&fold = 1']

    def parse(self, response):
        text = response.text
        data = json.loads(text)
        data_list = data['comments']                    # 所有评价内容
        for num in range(0,len(data_list)):             # 按评价数量进行循环
            jd_item = JdItem()
            jd_item['content'] = data_list[num]['content']
            yield jd_item
# pipelines.py 文件
import os
class JdPipeline(object):
def process_item(self, item, spider):
    base_dir = os.getcwd()                              # 获取当前目录
    fiename = base_dir + '/comments.txt'                # 保存 txt 的文件名
    with open(fiename, 'a') as f:                       # 打开 txt 文件
        f.write(item['content'] + '\n')                 # 写入 txt 文件
    f.close()                                           # 关闭 txt 文件
    return item
```

得到结果文件 comments.txt，如图 8.26 所示。

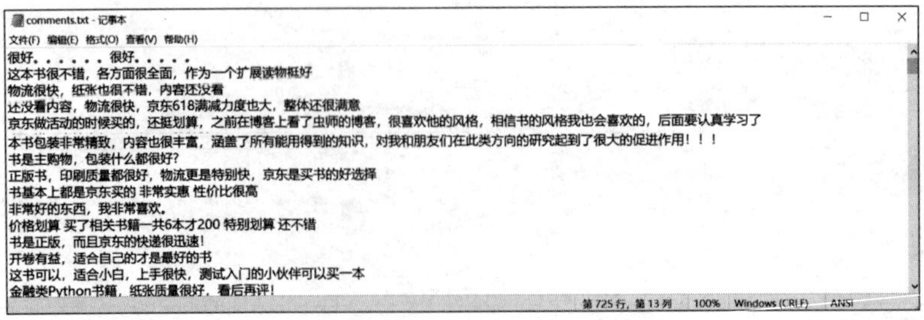
comments.txt - 记事本
文件(F) 编辑(E) 格式(O) 查看(V) 帮助(H)
很好。.。.。.。很好。.。.。.
这本书很不错，各方面很全面，作为一个扩展读物挺好
物流很快，纸张也很不错，内容还没看
还没看内容，物流很快，京东618满减力度也大，整体还很满意
京东做活动的时候买的，还挺划算，之前在博客上看了虫师的博客，很喜欢他的风格，相信书的风格我也会喜欢的，后面要认真学习了
本书包装非常精致，内容也很丰富，涵盖了所有能用得到的知识，对我和朋友们在此类方向的研究起到了很大的促进作用！！！
书是主购物，包装什么都很好?
正版书，印刷质量都很好，物流更是特别快，京东是买书的好选择
书基本上都是京东买的 非常实惠 性价比很高
非常好的东西，我非常喜欢。
价格划算 买了相关书籍一共6本才200 特别划算 还不错
书是正版，而且京东的快递很迅速！
开卷有益，适合自己的才是最好的书
这书可以，适合小白，上手很快，测试入门的小伙伴可以买一本
金融类Python书籍，纸张质量很好，看后再评！
第 725 行，第 13 列 100% Windows (CRLF) ANSI

图 8.26 评价内容数据

注意：某些大型网站常常有反爬虫机制，包括京东等。比如爬取京东评价内容，批量爬取后，再次运行则爬取不到内容，该评价内容的接口地址显示也为空的内容。这是需要更换请求头或者 IP，又或者使用多个代理 IP 随机交替性使用。本节不进行详述，感兴趣的读者可自行查询相关资料。

2. jieba 分词处理

（1）读取评价内容：由图 8.25 可知，我们得到的每条用户评价在 txt 文件内是各占一行，因此要取消换行，为后面整体分词做好准备。

```
#读取评价内容
text = open('comments.txt','r').read().replace('\n',".")        #用"."替换换行
```

（2）词性标注：标注文字内容分词后每个词的词性。需要导入 jieba.posseg 模块。

```
import jieba.posseg as jpg
import pandas as pd
sentence = jpg.cut(text)
words = []
words2 = []
for i in sentence2:
    words.append(i.__dict__)
for i in range(len(words)):
    words2.append(list(words[i].values()))          #转为列表形式
print(words2[:10])                                  #一共1407个词,这里打印前10个
df_words = pd.DataFrame(words2,columns = ["词汇","词性"])    #将列表转为数据框类型
print(df_words[:10])
```

结果：

[['很', 'd'], ['好', 'a'], ['.', 'x'], ['.', 'x'], ['.', 'x'], ['.', 'x'], ['.', 'x'], ['.', 'x'], ['很', 'd'], ['好', 'a']]

```
   词汇  词性
0   很   d
1   好   a
2   。   x
3   。   x
4   。   x
5   。   x
6   。   x
7   。   x
8   很   d
9   好   a
```

（3）停用词过滤：这里我们换了一种方式，即从数据框的格式进行停用词过滤。

```
#停用词过滤
stopwords = open('stopwords.txt',encoding = 'UTF-8').read()
#print(stopwords[:10])
for i in range(df_words.shape[0]):              #循环对比df_words中的"词汇"列与停用词表的内容
    if(df_words.词汇[i] in stopwords):          #若词汇在停用词表中,则删掉
        df_words.drop(i,inplace = True)
```

```
        else:
            pass
print(df_words.head(10))
```

结果：

```
    词汇 词性
17  本书  r
19  不错  a
28  扩展  v
29  读物  n
30  挺   d
33  物流  n
34  很快  d
36  纸张  n
39  不错  a
41  内容  n
```

(4) 词性分布统计：统计各类词性的频数及所占比例。

```
#词性分布
df_wordsDistri = pd.DataFrame(df_words['词性'].value_counts(ascending = False))
df_wordsDistri.rename(columns = {'词性':'频数'},inplace = True)
df_wordsDistri.reset_index(inplace = True)
df_wordsDistri.rename(columns = {'index':'词性'},inplace = True)
#词性对应的中文名称,这里给出部分,读者可自行搜索查询
df_wordsDistri.loc[df_wordsDistri['词性'] == 'n','词性'] = '名词'
df_wordsDistri.loc[df_wordsDistri['词性'] == 'v','词性'] = '动词'
df_wordsDistri.loc[df_wordsDistri['词性'] == 'a','词性'] = '形容词'
df_wordsDistri.loc[df_wordsDistri['词性'] == 'd','词性'] = '副词'
df_wordsDistri.loc[df_wordsDistri['词性'] == 'ns','词性'] = '地名'
df_wordsDistri.loc[df_wordsDistri['词性'] == 'vn','词性'] = '名动词'
df_wordsDistri.loc[df_wordsDistri['词性'] == 'x','词性'] = '非语素字'
df_wordsDistri.loc[df_wordsDistri['词性'] == 'm','词性'] = '数词'
df_wordsDistri.loc[df_wordsDistri['词性'] == 'l','词性'] = '习用语'
df_wordsDistri.loc[df_wordsDistri['词性'] == 'r','词性'] = '代词'
#增加"比例"列
df_wordsDistri['比例'] = df_wordsDistri['频数']/df_wordsDistri['频数'].sum()
print(df_wordsDistri.head(10))
```

结果：

```
   词性    频数    比例
0  名词    1236  0.299419
1  动词    1218  0.295058
2  形容词   461   0.111676
3  副词    233   0.056444
4  地名    169   0.040940
5  名动词   152   0.036822
6  非语素字  133   0.032219
7  数词    105   0.025436
8  习用语   84    0.020349
9  代词    75    0.018169
```

（5）高频词汇统计：统计分词结果中词汇出现的频数。

```
#高频词汇分析
df_words.loc[df_words['词性'] == 'n','词性'] = '名词'
df_words.loc[df_words['词性'] == 'v','词性'] = '动词'
df_words.loc[df_words['词性'] == 'a','词性'] = '形容词'
df_words.loc[df_words['词性'] == 'd','词性'] = '副词'
df_words.loc[df_words['词性'] == 'ns','词性'] = '地名'
df_words.loc[df_words['词性'] == 'vn','词性'] = '名动词'
df_words.loc[df_words['词性'] == 'x','词性'] = '非语素字'
df_words.loc[df_words['词性'] == 'm','词性'] = '数词'
df_words.loc[df_words['词性'] == 'l','词性'] = '习用语'
df_words.loc[df_words['词性'] == 'r','词性'] = '代词'
df_wordsCount = pd.DataFrame(df_words['词汇'].value_counts(ascending = False))
df_wordsCount.reset_index(inplace = True)
df_wordsCount.rename(columns = {'词汇':'频数'},inplace = True)
df_wordsCount.rename(columns = {'index':'词汇'},inplace = True)
print(df_wordsCount.head(10))
```

结果：

```
    词汇   频数
0   不错   267
1    书   237
2    买   130
3        125
4   京东   100
5   很快    90
6   物流    86
7   质量    82
8   内容    79
9   很好    73
```

```
#结果中有空格词汇的频数,不符合实际,需要删掉
for i in range(df_wordsCount.shape[0]):
    if(df_wordsCount.词汇[i] == " "):
        df_wordsCount.drop(i,inplace = True)
print(df_wordsCount.head(10))
```

结果：

```
    词汇   频数
0   不错   267
1    书   237
2    买   130
4   京东   100
5   很快    90
6   物流    86
7   质量    82
8   内容    79
9   很好    73
10  本书    62
```

（6）词云图展示：词云图是数据分析中比较常见的一种可视化手段，需要导入wordcloud 包的 WordCloud 和 ImageColorGenerator 模块，及 imageio 包的 imread 模块用于读取形状图片。这里使用的图片如图 8.27 所示。

```python
# 导入词云图包
from wordcloud import WordCloud, ImageColorGenerator
# 导入读取图片的包
from imageio import imread
# 导入可视化包
import matplotlib.pyplot as mpt        # 前面有学习过
# 指定词云形状轮廓的图片
bg_img = imread("C://Users/Administrator/bg.jpg")
# 用空格连接各个词汇
myWord = ' '.join(df_wordsCount.词汇)
# print(myWord[:10])
wc = WordCloud(
    width = 600,
    height = 600,                      # 指定输出图像的尺寸
    background_color = 'white',        # 背景颜色
# 指定词云图词的字体格式,这里的"毛泽东字体.ttf 为网络下载,做学习用,不做商业用途"
    font_path = '毛泽东字体.ttf',
    mask = bg_img                      # 指定形状图片
)
wc.generate(myWord[:300])              # 用前 300 个高频词作图
mpt.imshow(wc)                         # 画图
mpt.axis('off')                        # 取消坐标轴
mpt.show()                             # 词云图显示
wc.to_file('wc.jpg')                   # 保存词云图
```

结果如图 8.28 所示。

图 8.27　词云图形状

图 8.28　词云图

习　题

(1) 分别用 mysql 和 SQL Server 新建某日新冠疫情数据表。

(2) 对 mysql 和 SQL Server 两个数据库实现增、删、改、查的操作。

(3) 爬取京东某个产品的用户评价内容。

(4) 爬取安居客网站贵州省贵阳市的二手房信息。

(5) 爬取腾讯新闻网中,中国从 2020 年 2 月 18 日至 8 月 18 日的每日疫情数据并保存至 mysql 数据库。

(6) 对 2019 年李克强总理的政府工作报告进行分词并对词频、词性进行分析,然后作词云图。

(7) 对 8.2 节练习题第 1 题爬取的评价内容进行词频、词性的分析,并作词云图。

(8) 编写爬虫爬取美团某电影院用户评价并保存至 mysql 和 SQL Server 数据库,分词处理并画出使用自己头像的词云图。

(9) 编写爬虫爬取豆瓣电影 Top100 的电影信息(电影名、导演、主演、年份、评分、评价人数等),并将结果保存至 mysql 和 SQL Server 数据库。

参 考 文 献

[1] 董付国. Python 程序设计基础[M]. 北京：清华大学出版社，2018.
[2] 董付国. 玩转 Python 轻松过二级[M]. 北京：清华大学出版社，2018.
[3] 江红，余青松. Python 程序设计与算法基础教程：微课版[M]. 2 版. 北京：清华大学出版社，2019.
[4] 江红，余青松. Python 程序设计教程[M]. 北京：清华大学出版社，2014.
[5] Magnus Lie Hetland. Python 基础教程(修订版)[M]. 2 版. 北京：人民邮电出版社，2014.